Michael Dostal

Kostenoptimierter Einsatz der Radialumformmaschine in gemischten, flexiblen Fertigungssystemen

Mit 61 Abbildungen

Springer-Verlag Berlin Heidelberg GmbH

Dipl.-Ing. Michael Dostal
Institut für Umformtechnik
Universität Stuttgart

Dr.-Ing. Kurt Lange
o. Professor an der Universität Stuttgart
Institut für Umformtechnik

D 93

ISBN 978-3-540-13286-8   ISBN 978-3-662-08201-0 (eBook)
DOI 10.1007/978-3-662-08201-0

Die Wiedergabe von Gebrauchsnamen, Handelsnamen, Warenbezeichnungen usw. in diesem Werk berechtigt auch ohne besondere Kennzeichnung nicht zu der Annahme, daß solche Namen im Sinne der Warenzeichen- und Markenschutz-Gesetzgebung als frei zu betrachten wären und daher von jedermann benutzt werden dürften.

Gesamtherstellung: Copydruck GmbH, Offsetdruckerei, Industriestraße 1-3, 7258 Heimsheim, Telefon 0 70 33/38 25-26
2362/3020—543210

**Berichte aus dem
Institut für Umformtechnik
der Universität Stuttgart**

Herausgeber: Prof. Dr.-Ing. K. Lange

77

Die Umformtechnik zeichnet sich durch sehr gute Werkstoffaus-
wertung und hohe Mengenleistung in der Serienfertigung gegenüber anderen Fertigungsverfahren aus, wobei Beibehaltung der
Masse, Änderung der Festigkeitseigenschaften während eines Vorgangs und elastische Rückfederung der Werkstücke nach einem
Vorgang wesentliche Merkmale sind. Weiter sind die benötigten
Kräfte, Arbeiten und Leistungen sehr viel größer als z.B. bei
spanenden Verfahren. Die sichere Beherrschung eines Verfahrens
in der industriellen Fertigung und die zunehmende Forderung
nach Vermeidung bzw. Minimierung spanender Nacharbeit erzwingen
die geschlossene Betrachtung des Systems "Umformende Fertigung"
unter zentraler Berücksichtigung plastizitätstheoretischer,
werkstoffkundlicher und tribologischer Grundlagen.

Das Institut für Umformtechnik der Universität Stuttgart stellt
entsprechend Forschung und Entwicklung zum einen auf die Erarbeitung von Grundlagenwissen in diesen Bereichen ab, zum anderen
untersucht und entwickelt es Verfahren unter Anwendung speziel-
ler Meßtechniken mit dem Ziel einer genauen quantitativen Ermittlung des Einflusses der Parameter von Vorgang, Werkstoff,
Werkzeug und Maschine. Die Behandlung von Problemen des Maschi-
nenverhaltens, der Maschinenkonstruktion sowie der Werkzeugaus-
legung und -beanspruchung, der Auswahl hochbeanspruchbarer,
verschleißfester Werkzeugbaustoffe und schließlich der Tribo-
logie gehört entsprechend ebenfalls zum Arbeitsgebiet, das
durch die Erfassung organisatorischer und betriebswirtschaft-
licher Fragen abgerundet wird.

Im Rahmen der "Berichte aus dem Institut für Umformtechnik" erscheinen in zwangloser Folge jährlich mehrere Bände, in denen
über einzelne Themen ausführlich berichtet wird. Dabei handelt
es sich vornehmlich um Abschlußberichte von Forschungsvorhaben,
Dissertationen, aber gelegentlich auch um andere Texte. Diese
Berichte sollen den in der Praxis stehenden Ingenieuren und
Wissenschaftlern zur Weiterbildung dienen und eine Hilfe bei
der Lösung umformtechnischer Aufgaben sein. Für die Studieren-

den bieten sie die Möglichkeit zur Vertiefung der Kenntnisse.
Die seit zwei Jahrzehnten bewährte freundschaftliche Zusammenarbeit mit dem Springer-Verlag sehe ich als beste Voraussetzung
für das Gelingen dieses Vorhabens an.

Kurt Lange

V o r w o r t

Die vorliegende Arbeit entstand während meiner Tätigkeit als
wissenschaftlicher Mitarbeiter am Institut für Umformtechnik
der Universität Stuttgart.

Herrn Professor Dr.-Ing. K. Lange danke ich für sein Ver-
trauen und seine wohlwollende Unterstützung bei der Durchführung dieser Arbeit.

Für die eingehende Durchsicht dieser Arbeit bin ich Herrn Professor DTech. Dipl.-Ing. K. Tuffentsammer zu Dank verpflichtet.

Mein Dank gilt ferner allen Mitarbeiterinnen und Mitarbeitern
des Instituts für Umformtechnik, insbesondere meiner studen-
tischen Hilfskraft Herrn cand. mach. Dipl.-Ing. (FH) Egon
Hüfner, die durch ihre tätige Hilfe zum Gelingen der Arbeit
beigetragen haben.

Ebenfalls danken möchte ich dem Institut für Fertigungstechnik
und spanende Werkzeugmaschinen der Universität Hannover für
die kostenlose Bereitstellung des Programmsystems DREKAL.

Ganz besonderer Dank gilt meinen Eltern und meiner Frau, die
durch ihr Verständnis und durch ihren persönlichen Einsatz
Voraussetzungen schufen, die das Entstehen dieser Arbeit sehr
unterstützten.

Die Mittel zur Durchführung dieser Arbeit wurden von der Deut-
schen Forschungsgemeinschaft (DFG) zur Verfügung gestellt. Für
diese Förderung bin ich gleichfalls zu Dank verpflichtet.

Winnenden, Dezember 1983

Michael Dostal

Inhaltsverzeichnis

                                                              Seite

Verzeichnis der wichtigsten Formelzeichen und   12
Abkürzungen

0   Einleitung   15

1   Stand der Erkenntnisse und Aufgabenstellung   17
1.1   Einsatz von umformenden Verfahren in   19
           flexiblen Fertigungssystemen
1.2   Aufgabenstellung und Zielsetzung   22
1.3   Die flexible Bearbeitungseinheit   23
           "Radialumformmaschine"
1.3.1   Maschinenkonzept   26
1.3.2   Konkurrierende Verfahren   29

2   Bestimmung eines Werkstückspektrums   31
2.1   Werkstückspektrum als Beurteilungskriterium   31
2.2   Aufbau der Dateien   31
2.3   Auswertung einer Industriebefragung   33
2.3.1   Auswerteprogramm UNIWE   33
2.3.2   Beschreibung einiger exemplarischer   36
           Ergebnisse

3   Automatische Arbeitsvorbereitung   40
3.1   Stellung und Aufgabe der Arbeitsvorbereitung   40
3.2   Automatische Arbeitsablaufermittlung   41

4   Automatisierte Arbeitsplanerstellung für   43
           die Drehbearbeitung
4.1   Anforderungen an das Arbeitsplanungssystem   43
4.1.1   Arbeitsplanerstellung für das Fertigungs-   45
           verfahren Drehen
4.1.2   Arbeitsplanerstellung für einfache Rotations-   45
           teile
4.1.3   Vorgabezeitermittlung und Kostenberechnung   45
4.1.4   Werkstückbeschreibung   46
4.1.5   Größe und Aufbau eines Arbeitsplanungssystems   46
4.2   Programmsystem zur automatischen Arbeits-   47
           planerstellung bei der Drehbearbeitung

                                                          Seite

4.2.1   Rechnerunterstütztes Arbeitsplanungs-   47
          system DREKAL

5   Arbeitsplanungssystem für das Radialumformen   55
5.1   Programmsystem PRORUM   56
5.1.1   Aufbau von PRORUM   56

6   Erweiterung von PRORUM   61
6.1   Vorgabezeit und Kostenkalkulation beim   61
          Radialumformen
6.1.1   Material- und Energiekosten   63
6.1.2   Vorgabezeitermittlung   64
6.1.2.1   Zeitaufnahme für Einzelbewegungen   66
6.1.2.2   Zeitaufnahme für Bewegungsabläufe   67
6.1.2.3   Sonstige Zeiten   69
6.1.2.4   Analyse des Arbeitsablaufplans   69
6.1.2.5   Rechenprogramm zur Zeitermittlung   71
6.1.3   Lohnkosten   75
6.1.4   Maschinenkosten   75
6.1.5   Sonstige Kosten   77
6.1.6   Betriebsdaten   78
6.2   Ermittlung der Zwischenformen beim   78
          Radialumformen
6.2.1   Bestimmung aller Zwischenformen   78
6.2.1.1   Mathematische Grundlagen   78
6.2.1.2   Kombinationsmöglichkeiten   80
6.2.2   Sinnvolle Zwischenformen   83
6.2.3   Zerlegung in Teilwellen   85
6.2.4   Programmaufbau zur Zwischenformermittlung   88
6.3   Programm RADKAL   90
6.4   Einfluß der Vorformgeometrie auf die   93
          Fertigteilgeometrie
6.5   Optimierung der radialen Zustellung   96

7   Verfahrensverknüpfung   99
7.1   Aufbau von VORUM   100
7.2   Bestimmung der Arbeitsvorgangsfolge   103
7.3   Beispiele und ihre Bedeutung   103

Seite

7.3.1   Bestimmung der wirtschaftlichsten Zwi-   103
          schenform einer Welle mit sechs Form-
          elementen

7.3.2   Bestimmung der wirtschaftlichsten Zwi-   106
          schenform einer Welle mit drei Formelementen

8   Zusammenfassung   109

9   Anhang   111

Schrifttumsverzeichnis   116

<u>Verzeichnis der wichtigsten Formelzeichen und Abkürzungen</u>

<u>Größen, Formelzeichen und Einheiten</u>

d	mm	Durchmesser
l	mm	Länge
n		Anzahl - Kombinationsmöglichkeiten
V		Variationen
r		Anzahl der Formelemente

<u>Indizes</u>

max	maximal
ges	Gesamt-
Z	Zwischenform
V	Verschmelzung

<u>Abkürzungen</u>

ARPL	Programm zur Arbeitsplanerstellung (IFW - Stuttgart)
AUTAP	Programm zur automatischen Arbeitsplanerstellung (WZL - Aachen)
AUTODAK	Automatische Drehteilplanung für konventionell gesteuerte Drehmaschinen (IWF - Berlin)
AWF	Ausschuß für wirtschaftliche Fertigung
BDE	Betriebsdatenerfassung
BETRIB.DAT	Speicher für Betriebsdaten (IfU - Stuttgart)
BISSZEIT	Unterprogramm zur Grundzeitberechnung (IfU - Stuttgart)
BIT	kleinste Informationseinheit der Digitaltechnik
CAD	rechnerunterstützte Konstruktion
CAM	rechnerunterstützte Fertigung
CAP	rechnerunterstützte Planung
CAPSY	computerunterstütztes Arbeitsplanungssystem (IWF - Berlin)
DATEDI	Programm zur Datenverwaltung (DREKAL)

	(IFW - Hannover)
DNC	Rechnerdirektsteuerung
DREBES	Werkstückbeschreibungsprogramm (DREKAL) (IFW - Hannover)
DREKAL	Programm zur Drehteilkalkulation (IFW - Hannover)
DREPLAN } DREPLN	Programm zur Steuerung der Arbeitsplanungstätigkeiten (DREKAL) (IFW - Hannover)
FE	Formelemente
FORTRAN	höhere Programmiersprache
GFM	Gesellschaft für Fertigungstechnik und Maschinenbau Steyr, Österreich
IFW - H	Institut für Fertigungstechnik und spanende Werkzeugmaschinen - Univ. Hannover
ISO	International Organization for Standardization
IT	ISO-Toleranzreihen
KByte	1000 byte (1 byte = 8 bit)
KW	KWort (1 KW = 2000 byte = 2 KByte)
MTM	Methods - Time Measurement
NC	Numerische Steuerung
NCGEO	NC - Steuersatzerstellung (DREKAL) (IFW - Hannover)
PDP 11/34	Prozeßrechner
PROCAL	Programm zur Kalkulation radialumgeformter Teile (IfU - Stuttgart)
PROCAL.DAT	Speicher für Kalkulationswerte (IfU - Stuttgart)
PRORUM	Programmsystem Radialumformen (IfU - Stuttgart)
PRORUM NC	PRORUM - Steuersatzerstellung (IfU - Stuttgart)
RADKAL	Radialumformung - Kalkulation (IfU - Stuttgart)
REFA	Verband für Arbeitsstudien und Betriebsorganisation
REGRES	Programm zur Verwaltung von Regressionskurven (IFW - Hannover)

RUM X 2000	Radialumformmaschine mit x-förmiger Anordnung der Arbeitszylinder und 500 kN Preßkraft pro Zylinder
SAMMEL	Programm zur Arbeitsplanverwaltung (DREKAL) (IFW - Hannover)
SERVIC	Programm Datenwartung (IfU - Stuttgart)
VARAP	Arbeitsplanerstellung für Varianten (WZL - Aachen)
VAX	Prozeßrechner
VORUM	Programm zur Bestimmung der Arbeitsvorgangsfolge (IfU - Stuttgart)
WF	Work - Faktor
ZWIFOR	Programm zur Bestimmung der Zwischenformen (IfU - Stuttgart)
ZWIFOR.DAT	Speicher für Zwischenformwerte (IfU - Stuttgart)
ZWISCHENZEIT	Unterprogramm zur Nebenzeitermittlung (IfU - Stuttgart)
gebundenes Umformen	Abbildung der Werkstückgeometrie am Werkzeug
ungebundenes Umformen	Kinematische Gestalterzeugung

Flexible Fertigungssysteme sind automatisierte Fertigungseinrichtungen, die für den Einsatz im Bereich der Einzel-
und Kleinserienfertigung entwickelt wurden. Sie sind gekennzeichnet durch ihre Fähigkeit, sich innerhalb eines begrenzten Teilespektrums selbsttätig an unterschiedliche Werkstücke und Fertigungsaufgaben anzupassen.

Während diese Entwicklungen bei spanenden Bearbeitungsverfahren schon verstärkt Eingang in die Fertigung gefunden haben [1 - 12], sind sie im Bereich umformender Fertigungsverfahren bislang nur sehr vereinzelt anzutreffen. Wegen der in
jüngster Zeit stark angestiegenen Energie- und Rohstoffkosten
[13] sind Überlegungen in Gang gekommen, das Konzept des flexiblen Fertigungssystems auch auf Technologien anzuwenden, bei
denen ein vergleichsweise geringerer Aufwand für Material
und Energie erforderlich ist, die also bei sparsamem Energie-
und Rohstoffverbrauch große Teilespektren in kleinen Stück-
zahlen und im Rahmen einer gewissen Flexibilität wirtschaftlich fertigen können.

Ausgehend von diesem Sachverhalt untersuchte erstmalig KAISER
[14] die Möglichkeiten einer Integration umformender Bearbeitungsverfahren in flexible Fertigungssysteme. Die Analyse
sämtlicher Umformverfahren ergab dabei, daß grundsätzlich alle
ungebundenen Umformverfahren, d. h. solche mit kinematischer
Gestalterzeugung und ferner einige gebundene Umformverfahren,
das sind solche mit Abbildung der Werkstückgeometrie am Werkzeug, bei entsprechendem Teilespektrum in flexible Fertigungssysteme einbezogen werden können.

Auf der Grundlage des Rundknetens wurde das Konzept des Radialumformens entwickelt und unter Mitwirkung des Verfassers in
Form einer numerisch gesteuerten Radialumformmaschine ver-
wirklicht [12]. Ihre Aufgabe ist die vollautomatische Vorfertigung von wellenförmigen Teilen als Alternative zum handge-
steuerten Schmieden bzw. zur Vordrehbearbeitung. Das parallel
dazu erarbeitete Programmsystem PRORUM ermöglicht die automatische Bestimmung des Arbeitsablaufs, aus dessen Daten in

einem weiteren Programmteil NC-Steuerungssätze erstellt werden [15].

Für die Eingliederung der Radialumformmaschine in "gemischte" flexible Fertigungssysteme müssen die einzelnen Verfahren aufeinander abgestimmt werden, wobei eine eindeutige Reihenfolge mit der umformenden Herstellung von Vorformen und der spanenden Fertigbearbeitung vorgegeben ist.

Die Entscheidung, ob bzw. wie weit ein Teil umgeformt und ab wann es spanend weiterbearbeitet wird, übernimmt ein Rechner. Dazu ist ein Programmsystem zu erstellen, anhand dessen,unter Berücksichtigung technologischer und wirtschaftlicher Einflußgrößen,die Arbeitsvorgangsfolge automatisch festgelegt werden kann, die für den Gesamtvorgang ein Minimum bezüglich der Herstellkosten darstellt.

In der Teilefertigung hat sich in den letzten Jahren der Anteil der Klein- und Mittelserien ständig vergrößert. Mit dieser Entwicklung war man gezwungen Fertigungseinrichtungen
bereitzustellen, die bei gleicher Produktivität eine höhere
Flexibilität besitzen. Dazu wurden die Grundkonzeptionen
werkstückzugeordneter Fertigungssysteme unter Beibehaltung
der Produktivität um den Faktor der Werkstückflexibilität erweitert, wobei sich der Grad der Flexibilität entsprechend
der betrieblichen Zielsetzung variieren läßt (Bild 1). Wesent-
liches Merkmal dieser werkstückflexiblen Fertigung ist die

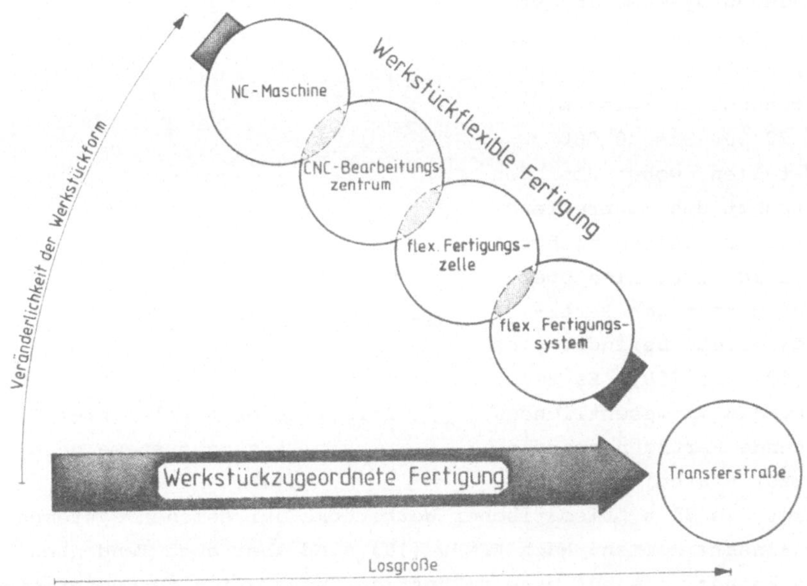

Bild 1: Werkstückflexible Fertigung.

NC-Steuerung, die anhand gespeicherter Daten und mit Mitteln
der modernen Steuerungstechnik den Arbeitsvorgang einer Werk-
zeugmaschine numerisch im voraus festzulegen ermöglicht. Die
weiteren Ausführungen setzen das dieser Arbeit zugrundeliegen-
de flexible Fertigungssystem voraus.

Unter einem flexiblen Fertigungssystem sind die durch Steuer-,
Informations- und Transportsystem miteinander verknüpften Fertigungseinrichtungen zu verstehen, die einerseits eine automatische Fertigung erlauben, andererseits innerhalb eines ge-
gebenen Bereichs unterschiedliche Bearbeitungsaufgaben an unterschiedlichen Werkstücken durchführen können [2].

Es befanden sich nach [17] 1982 weltweit 130 flexible Fertigungssysteme in Betrieb, von denen 44 in Japan, 26 in den USA
und 18 in der BR Deutschland installiert sind (Bild 2). Schät-
zungen zufolge [18] werden sich bis 1990 140 bis 400 flexible
Fertigungssysteme in der
Bundesrepublik Deutschland
im Einsatz befinden. Der
Sättigungswert wird sich
bei 20 000 bis 30 000
einstellen, wobei über den
Zeitpunkt des Eintreffens
dieser Ereignisse nichts
ausgesagt ist. Eine Über-
sicht derartiger Ferti-
gungssysteme befindet sich
in [19] und [20]. Es zeigt
sich, daß im wesentlichen
spanende Fertigungsverfahren zur Bearbeitung kom-

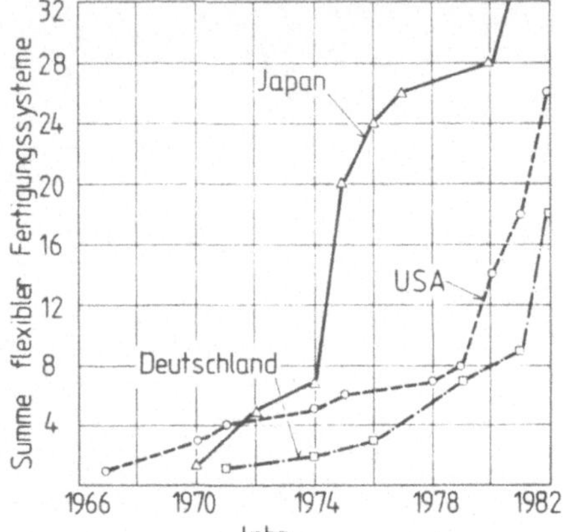

Bild 2: Einsatz flexibler Fer-
        tigungssysteme nach
        [18].

plexer, zu 75 % prismatischer Werkstücke auf solchen Systemen
zum Einsatz kommen. Nach REMPP [18] sind aber auch Tendenzen
zu erkennen, die auf eine zukünftige Integration von umformenden (siehe Abschnitt 1.1) und stoffeigenschaftsändernden Verfahren hindeuten.

Flexible Fertigungssysteme sind meist für bis zu 10 [18, 19]
im Extremfall aber auch schon bis zu 300 [17] unterschiedliche Werkstücke ausgelegt, die in beliebiger Reihenfolge gefertigt werden können. Das durchschnittliche Los hat eine Größenordnung von ca. 50 Stück. Als Steuerung kommt größtenteils eine
DNC-Steuerung zum Einsatz, bei der die zeitgerechte Verteilung
der Steuerungsinformationen und die übergeordnete Koordina-

tion des Transport- und Lagersystems durch einen Leitrechner
[21] vorgenommen wird.

1.1 Einsatz von umformenden Verfahren in flexible Fertigungssystemen

Während die Entwicklung flexibler Fertigungssysteme auf dem
Gebiet der spanenden Fertigung schon seit den sechziger Jahren
bekannt ist, liegen Überlegungen über eine Einbeziehung von
Umformverfahren in solche Fertigungssysteme nur kurze Zeit
zurück. Dies ist vor allem darin begründet, daß sich im Zuge
der Wandlung von der Massenfertigung zur Mittel- und Kleinserienfertigung der Umformtechnik aufgrund ihrer starren Konzeption und ihrer hohen Investitionskosten für Maschinen und
Werkzeuge große Hindernisse in den Weg gestellt haben.

KAISER [14] unterteilte die Umformverfahren nicht wie üblich
nach den hauptsächlich wirkenden Spannungen, sondern nach einer
von DOLEZALEK [22] vorgeschlagenen Unterscheidung nach Art der
Gestalterzeugung.

Diese Unterteilung gliedert die Verfahren im wesentlichen in
die Gruppen: ungebundenes und gebundenes Umformen, wobei unter
Bindung die Abbildung der Werkstück- an der Werkzeuggeometrie
zu verstehen ist. Demnach beinhalten zunächst grundsätzlich
alle ungebundenen Verfahren, d. h. solche mit kinematischer
Gestalterzeugung, wie z. B. das Rundkneten, das Freiformschmieden oder das Flachwalzen die für die flexible Automatisierung
vorausgesetzte Anpassungsfähigkeit. Daneben können aber durchaus auch gebundene, d. h. abformende Verfahren, oder teilweise
gebundene Verfahren eine gewisse Flexibilität aufweisen, dann
nämlich, wenn sie mit Hilfe eines automatischen Werkzeugwech-
selsystems unterschiedlichen Fertigungsaufgaben gerecht werden
können. Beispiele hierzu sind die Verfahren Gesenkschmieden,
Profilwalzen und Fließpressen.

Nachdem sich die grundsätzliche Eignung verschiedener Umformverfahren herauskristallisierte, sollten weitere Untersuchungen
Auskunft über die Integrierbarkeit der die Umformverfahren be-

treffenden Fertigungseinrichtungen geben. Dazu wurde in Anlehnung an [23] folgende Einteilung vorgenommen:

- einstufige Umformsysteme
- mehrstufige Einmaschinen-Umformsysteme
- und Mehrmaschinen-Umformsysteme.

Als einstufige Umformsysteme bezeichnet man solche, die das Fertigteil in einem Arbeitsgang aus dem Rohteil herstellen (z. B. Fließpressen). Analog dazu sind mehrstufige Umformsysteme ebenso wie Mehrmaschinen-Umformsysteme solche, bei denen das Fertigteil in mehreren Stufen bzw. auf mehreren Maschinen aus dem Rohteil gefertigt wird (Bild 3). Höchste Flexibilität weisen demnach mehrstufige Einmaschinen-Umformsysteme auf, bei denen ein einziges, verstellbares, eventuell aus mehreren Teilen bestehendes Werkzeug, etwa wie beim Reversierwalzen und beim Freiformschmieden, zum Einsatz kommt. Detailliertere Ausführungen dazu können in [14] nachgelesen werden.

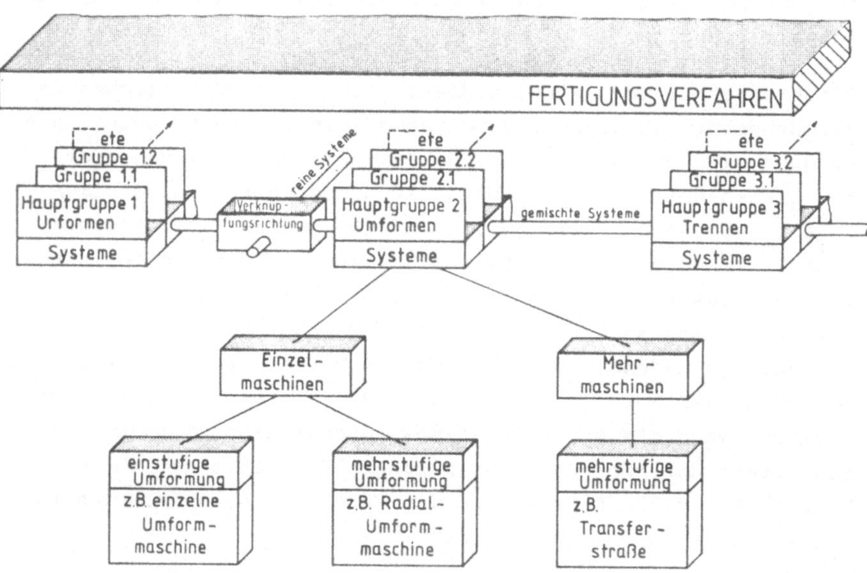

Bild 3: Einteilung der Fertigungsverfahren.

Die Einsatzmöglichkeiten lassen sich nun wie folgt differenzieren:

Enthält ein flexibles Fertigungssystem nur, oder neben Hilfsverfahren hauptsächlich, umformende Maschinen, so stellt dies ein reines, flexibles Umformsystem dar.

Handelt es sich dagegen um Fertigungssysteme, bei denen mehrere Hauptgruppen der Fertigungsverfahren nach [16] miteinander verknüpft sind, spricht man von einem gemischten, flexiblen Fertigungssystem (Bild 3). Dies ist dann gegeben, wenn in einem Fertigungssystem eigenständige, umformende Bearbeitungseinheiten eine oder mehrere Arbeitsstufen bei der Herstellung des Fertigteils übernehmen. Darüber hinaus spricht man auch dann von einem gemischten, flexiblen Fertigungssystem, wenn, ohne daß eine eigenständige Umformmaschine zur Verfügung steht, ein Umformvorgang in ein für die spanende Bearbeitung konzipiertes System integriert ist, d. h. wenn die für die spanende Fertigung ausgelegte NC-Maschine einen oder mehrere Umformvorgänge übernimmt.

Während die nähere Betrachtung des letzten Falles (Umformen auf spanenden NC-Einheiten) wegfallen kann, da es sich um ein sehr begrenztes Anwendungsgebiet handelt, zeichnen sich verschiedene Möglichkeiten der Anwendung in den beiden anderen Fällen ab. Dabei können diese in Anlehnung an [24] als sich ergänzende bzw. sich ergänzende und ersetzende Bearbeitungsstationen zum Einsatz kommen.

Als reine Umformsysteme, die eventuell Wärmen, Glühen und zerteilende Verfahren einschließen, können Flachwalzwerke für die Herstellung von Bändern, Blechen und Platten mit geradlinig begrenzten Querschnittskonturen gesehen werden. Hier werden durch veränderte Walzspaltabmessungen in mehreren Arbeitsstufen aus geglühten Brammen unterschiedliche Produkte hergestellt (Bänder verschiedener Breite und Dicke), ohne daß andere Verfahren in das System eingereiht werden.

Maschinen zum Festwalzen von Dehnschraubenoberflächen oder Hohlkehlen können beispielsweise ergänzende Bearbeitungsein-

heiten in einem spanend arbeitenden Fertigungssystem bilden.
Die Verfahren Rundkneten und Radialumformen (siehe Abschnitt
1.3) können als ergänzende und ersetzende Verfahren Halbzeu-
ge für die Drehbearbeitung rotationssymmetrischer Produkte
liefern [14, 15].

Detailliertere Angaben in bezug auf die Anwendbarkeit speziel-
ler Umformverfahren in flexiblen Fertigungssystemen, wie Ge-
windefurchen, Gewindewalzen, Oberflächenwalzen als Verfahren,
die in Systemen ohne eigenständige Umformmaschine eingesetzt
werden können, und Rundkneten, Radialumformen, Schwenkbiegen,
Flach- und Längswalzen, Schmieden und Ringwalzen als eigenständige Bearbeitungseinheiten können bei KAISER [14] und
METZGER [15] nachgelesen werden.

1.2   Aufgabenstellung und Zielsetzung

Während bei METZGER [15] noch das mehrstufige Einmaschinen-
Umformsystem (Radialumformmaschine Abschnitt 1.3) unter dem
Gesichtspunkt der Anpassungsfähigkeit im Mittelpunkt steht,
ist in dieser Arbeit dessen Einsatzmöglichkeit innerhalb eines
gemischten, flexiblen Fertigungssystems und die sich daraus
ergebende Frage der Angepaßtheit näher zu untersuchen.

Es soll geprüft werden, ob das einzusetzende Verfahren für die
anstehende Fertigungsaufgabe eine angemessene Lösung darstellt,
deren Aufwand gegenüber anderen Möglichkeiten zur Lösung der
gleichen Fertigungsaufgabe zu rechtfertigen ist.

Gemäß ihrem Teilespektrum soll die Radialumformmaschine Vorformen für eine nachfolgende Fertigbearbeitung liefern und somit ganz oder auch nur teilweise die Vordrehbearbeitung er-
setzen [34]. Das Aufgabengebiet der Drehmaschine beschränkt
sich dadurch auf die Herstellung der durch Umformen nicht
oder nur mit unverhältnismäßig großem Aufwand erzielbaren
geometrischen Eigenschaften.

Ein übergeordnetes Programmsystem soll neben der Einzeloptimierung auch die optimale Abstimmung der beteiligten Verfahren

übernehmen. Es soll die Radialumformmaschine in den Informa-
tionsfluß des flexiblen Fertigungssystems eingliedern (Bild 4)
und anhand vorgegebener Randbedingungen entscheiden, ob bzw.
wie weit ein Teil umgeformt und ab wann es spanend weiterbearbeitet wird.

Ziel dieser Arbeit ist die Ermittlung einer unter technischen
und wirtschaftlichen Gesichtspunkten kostenoptimierten Arbeitsvorgangsfolge der Bearbeitungsverfahren Radialumformen und
Drehen.

Dazu ist zunächst ein neutrales Werkstückspektrum zu bestimmen, anhand dessen Dateien aufgebaut und ein automatisches,
zum Programmsystem PRORUM kompatibles Arbeitsplanungs- und
Kalkulationsprogramm für die Drehbearbeitung ausgewählt werden kann.

PRORUM ist so zu erweitern, daß es in der Lage ist, für radialumgeformte Teile die Vorgabezeiten zu berechnen, diese
Teile zu kalkulieren, die Verfahrenskosten zu ermitteln und
die möglichen Zwischenformen (Abschnitt 6.2) festzulegen.

Jedes Teil soll dann entsprechend den durch die Schnittstelle
festgelegten Verfahrensanteilen kalkuliert werden, wobei die
Schnittstelle, die die günstigsten Herstellkosten bewirkt,
die Arbeitsvorgangsfolge festlegt.

1.3   <u>Die flexible Bearbeitungseinheit Radialumform-</u>
         <u>maschine</u>

Mit der Konzeption des Radialumformens war ein erster Schritt
getan, die Vorteile der Umformtechnik, wie Werkstoffersparnis,
günstige mechanische Eigenschaften und kurze Bearbeitungszei-
ten, auch für die automatisierte Einzel- und Kleinserienfertigung zu nutzen [12]. Das Integrationsproblem wandelte sich somit in ein Problem, das durch die Situation gekennzeichnet war,
daß die auf dem Markt angebotenen umformtechnischen Anlagen
nur sehr begrenzt in flexible Fertigungssysteme eingesetzt werden können. Folglich mußte in einem weiteren Schritt eine

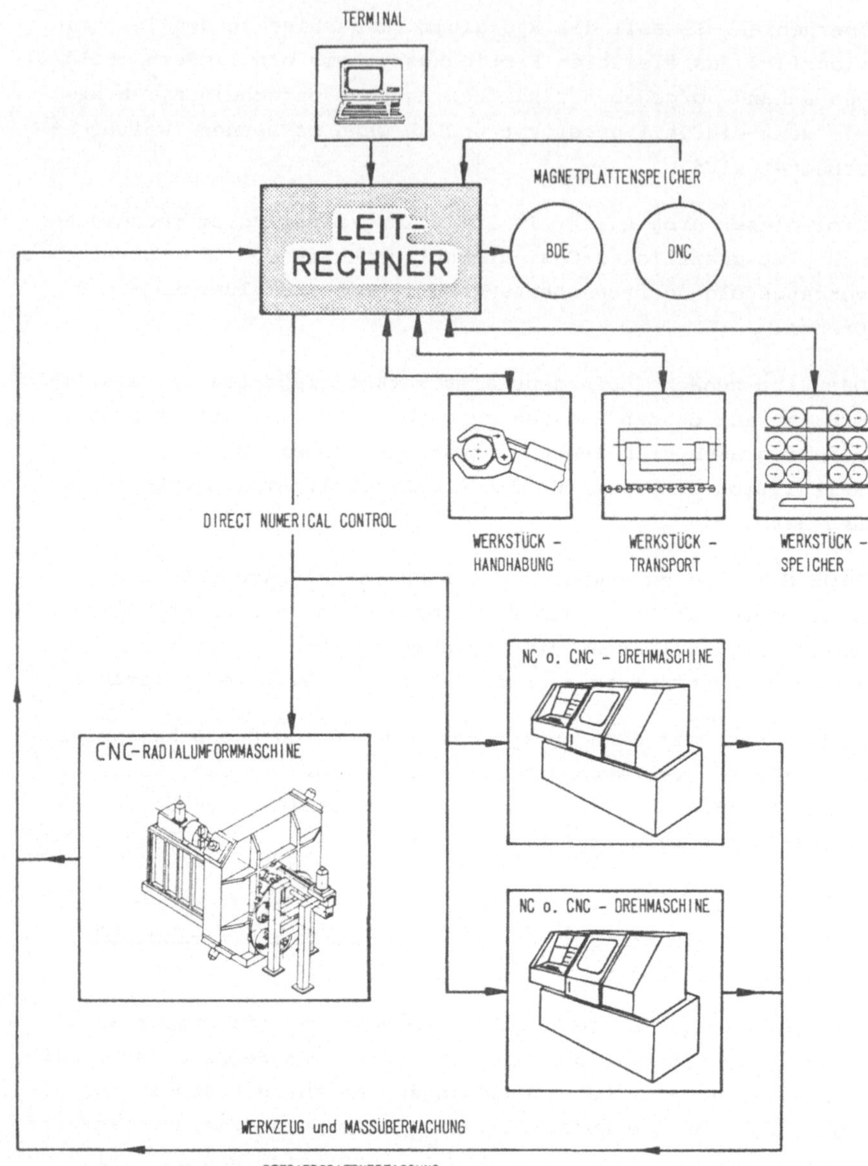

Bild 4: Schematische Darstellung des Informationsflusses
eines gemischten, flexiblen Fertigungssystems.

Maschine konzipiert, konstruiert und realisiert werden, die den erarbeiteten Anforderungen genügen kann.

Dies führte zur Entwicklung der in Bild 5 dargestellten flexiblen Bearbeitungseinheit Radialumformmaschine RUM X 2000. Damit war nun eine Maschine entstanden, die die vollautomati-

Bild 5: Radialumformmaschine RUM X 2000.

sche Fertigung von längsachsenbetonten, hauptsächlich wellenförmigen Werkstücken bzw. Halbzeugen in kleinen und mittleren
Losgrößen als wirtschaftliche Alternative zum heutigen handge-
steuerten Schmieden bzw. zum spanenden Herausarbeiten aus dem
Vollen (Schruppbearbeitung) im Rahmen flexibler Fertigungssysteme übernehmen kann.

Bei dieser Neuentwicklung handelt es sich um eine nach dem
Prinzip des Rundknetens [25] - d. h. mit vorwiegend radialer
Krafteinleitung und vergleichbarem Teilespektrum - arbeitende,
ölhydraulisch angetriebene Umformmaschine, die sämtliche zur
automatischen Fertigung notwendigen Funktionssysteme, wie Be-
arbeitungs-, Handhabungs-, Antriebs-, Steuer- und Informa-
tionssystem enthält.

Die Integrierbarkeit dieser Maschine in flexible Fertigungssysteme soll unter dem Gesichtspunkt der Vorfertigung genauer
Rohteile (Bild 6) für eine nachfolgende spanende Bearbeitung
geprüft werden, ohne dabei die mögliche Position als eigenständige flexible Fertigungsanlage für Fertigteile entsprechender Konfiguration außer acht zu lassen. Unter dem Aspekt des
Modellcharakters der Anlage sollen vorerst Werkstoffe wie Blei
und Aluminium kalt bzw. nach Anwärmen bearbeitet werden. Die
Prinzipdarstellung in Bild 7 verdeutlicht den funktionalen Zusammenhang sowie die Aufgabe der einzelnen Maschinenkomponen-
ten und charakterisiert anhand einiger wichtiger Kenngrößen
die Arbeitsmöglichkeiten der Anlage.

1.3.1 Maschinenkonzept

Die Radialumformmaschine gliedert sich in die Baugruppen
(Bild 7):

- Zentraleinheit
- Manipulator
- Werkzeugwechselsystem
- Hydraulikaggregat
- Prozeßrechner.

Querschnitt		Konturverlauf	
		konstant	stetig fallend
	Beispiele		
Kreis			
Vieleck			

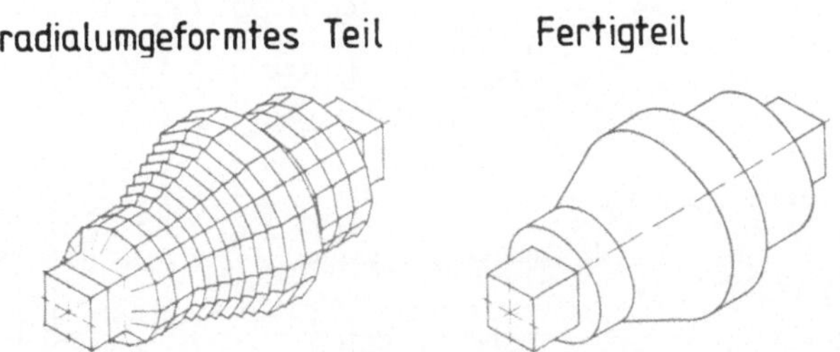

Bild 6: Merkmale radialumgeformter Formelemente und Werkstücke [15].

Dabei hat die Zentraleinheit mit ihren vier X-förmig angeordneten, mechanisch verstellbaren Hydraulikzylindern die Aufgabe der radialen Zustellbewegung und Krafteinleitung. Der Manipulator positioniert das Werkstück im Arbeitsraum. Das Werkzeugwechselsystem erlaubt neben der ungebundenen Umformung auch die Fertigung mit teilweise formgebundenen Umformwerkzeugen. Eine hydraulische Pumpspeicheranlage versorgt die Arbeitszylinder mit der notwendigen Energie. Die Null- bzw. Hub-

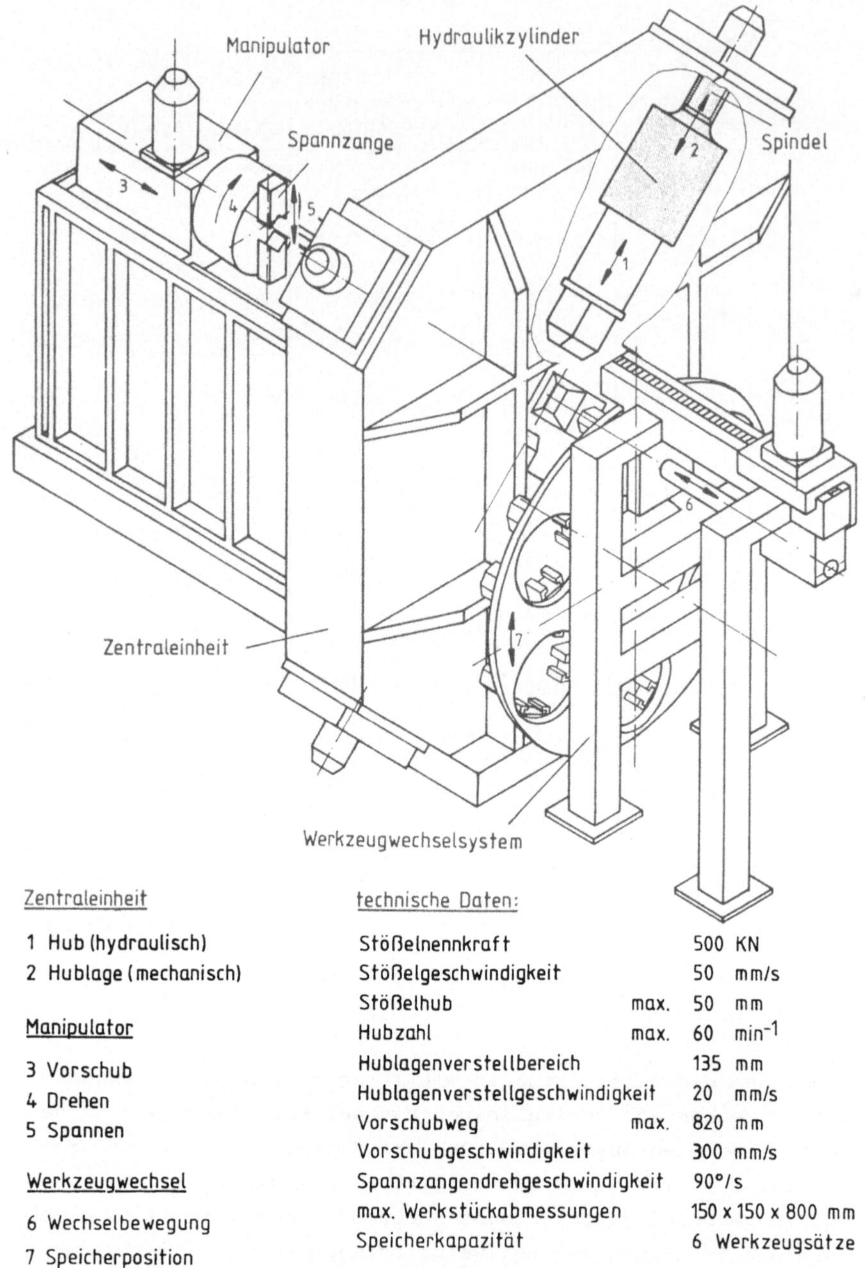

Zentraleinheit	technische Daten:	
1 Hub (hydraulisch)	Stößelnennkraft	500 KN
2 Hublage (mechanisch)	Stößelgeschwindigkeit	50 mm/s
	Stößelhub max.	50 mm
Manipulator	Hubzahl max.	60 min^{-1}
3 Vorschub	Hublagenverstellbereich	135 mm
4 Drehen	Hublagenverstellgeschwindigkeit	20 mm/s
5 Spannen	Vorschubweg max.	820 mm
	Vorschubgeschwindigkeit	300 mm/s
Werkzeugwechsel	Spannzangendrehgeschwindigkeit	90°/s
6 Wechselbewegung	max. Werkstückabmessungen	150 x 150 x 800 mm
7 Speicherposition	Speicherkapazität	6 Werkzeugsätze

Bild 7: Funktionselemente und technische Daten der Radialumformmaschine.

lagenverstellung der Arbeitszylinder erfolgt mechanisch über
ein Spindel-Getriebe, welches von einem Gleichstrommotor ange-
trieben wird. Daneben übernimmt ein leistungsfähiger Prozeßrechner die Bestimmung des Arbeitsablaufs (siehe Kapitel 5)
und die Steuerung der Gesamtanlage. Detailliertere Ausführungen
zur flexiblen Bearbeitungseinheit Radialumformmaschine, insbesondere im Zusammenhang mit der Steuerung der Anlage sind in
[15, 26] und [27] enthalten.

1.3.2   Konkurrierende Verfahren

Trotz der bereits aufgezeigten und auf die Konzeption einer
derartigen Fertigungseinrichtung dringend hindeutenden Pro-
blemstellung, sei im Rahmen dieses Abschnitts eine kritische
Betrachtungsweise des Radialumformens erlaubt. Dabei soll diese das Radialumformen in Konkurrenz zu Verfahren mit vergleichbarem Teilespektrum sehen. Zu diesen Verfahren zählen das
Gießen, das Freiformschmieden, das GFM-Verfahren, das Gesenkschmieden, das Reckwalzen und das Drehen aus dem Vollen.

Während das Gesenkschmieden ebenso wie das Reckwalzen aufgrund
der extrem hohen Werkzeugkosten, die diese Alternativen nur
bei Großserienstückzahlen wirtschaftlich erscheinen lassen,
den Anforderungen für eine kundenwunschorientierte Einzel-
und Kleinserienfertigung nicht standhalten kann, wird das
Freiformschmieden von Wellen in kleinen Fertigungsstückzahlen
durchaus praktiziert. Allerdings deuten neben den gesteiger-
ten Anforderungen, die an die Qualifikation der ausführenden
Arbeitskraft gestellt werden- von dem Mangel entsprechender
Fachleute ganz zu schweigen -, auch die damit verbundenen
überdurchschnittlichen Lohnkosten die Problematik des Freifor-
mens an. Nicht zuletzt sprechen die extremen physischen, durch
Hitze und Lärm bedingten Umweltbelastungen, Gesetze, tarif-
rechtliche Auflagen und die relativ geringe Produktivität ge-
gen eine stärkere Verbreitung dieses Verfahrens. Das GFM-Verfahren (Gesellschaft für Fertigungstechnik und Maschinenbau),
ein dem Radialumformen sehr ähnliches Verfahren, besitzt für
eine Eingliederung in flexible Fertigungssysteme nicht die
vorausgesetzte Flexibilität und Steuerungsmöglichkeiten. Bei

der Betrachtung des Gießens muß davon ausgegangen werden,
daß es sich bei Einzel- und Kleinserienstückzahlen um ein
Gießen im Handformverfahren handelt. Der wirtschaftliche Vergleich wird auch hier, vor allem wegen des aufwendigen Modell-
und Formenbaus, zugunsten des Radialumformens ausfallen. Die
letztgenannte Möglichkeit, das Drehen einer Welle aus dem Vollen, muß mit der zunehmenden Energie- und der damit verbundenen Werkstoffkostensteigerung zukünftig kritischer untersucht
werden. Ein Vermeiden unnötiger Werkstoffausgaben wird sich
dann sichtbar im Betriebsergebnis niederschlagen.

Sicherlich wird von Fall zu Fall entschieden werden müssen,
welches Verfahren für eine konkrete Aufgabenstellung einzusetzen ist, zumal dann,wenn entsprechende Fertigungseinrichtungen vorhanden sind und ausgelastet werden müssen.

        Bestimmung eines Werkstückspektrums

2.1   Werkstückspektrum als Beurteilungskriterium

Innovations- und Investitionsentscheidungen zugunsten eines
neuen Fertigungskonzepts bzw. rationellerer Arbeitsvorberei-
tungsmethoden, insbesondere die Beantwortung der Fragen nach
Auslegung, Standortbestimmung, Materialflußbetrachtung, automatischer Zeichnungs-, Arbeitsplan- und Steuersatzerstellung,
können neben betriebswirtschaftlichen Überlegungen nur anhand
der genauen Kenntnis des mit diesem Fertigungskonzept herzu-
stellenden Teilespektrums sicher getroffen werden [28, 29, 30,
31]. Die Richtigkeit dieser Entscheidungen hängt deshalb in
erster Linie davon ab, ob die ausgewählten Werkstücke aufgrund ihrer Kosten- und Merkmalstruktur repräsentativ für das
später tatsächlich zu fertigende Werkstückspektrum sind.

Sollen nun im Rahmen eines neuen Fertigungskonzeptes konkurrierende Verfahren miteinander verknüpft werden, ist vor allem
dafür Sorge zu tragen, daß bei der Aufgabenverteilung keine
subjektive Wertung vorgenommen wird. Dafür müssen Kriterien
z. B. in Form einer zumindest teilweise automatisierten Arbeitsvorbereitung zur Verfügung stehen, die eine objektive Bestimmung der Arbeitsvorgangsfolge bzw. der Wahl der Verfahrensschnittstelle gestatten. Der Schwerpunkt dieses Kapitels liegt
in der rechnerischen Bestimmung eines neutralen Werkstückspektrums, anhand dessen, gegebenenfalls unter Heranziehung
weiterer Beurteilungskriterien, Dateien aufgebaut und automatische Arbeitsplanungssysteme und Kalkulationsprogramme ausgewählt werden können. Dazu wurden Hersteller und Verarbeiter
rotationssymmetrischer, längsachsenbetonter Teile nach in
ihrem Betrieb vorkommenden und in ein bestimmtes Anforderungsprofil passenden wellenförmigen Werkstücken befragt.

2.2   Aufbau der Dateien

Entsprechend der von TÖNSHOFF [32] praktizierten Vorgehensweise, die einer rechnerunterstützten Werkstückanalyse eine voll-
ständige Geometriebeschreibung zugrunde legt und daran an-

schließend die Kenngrößen entsprechend der speziellen Zielsetzung bestimmt, wurde auch im Rahmen dieser Untersuchung auf
die Erarbeitung einer vollständigen, geometriebezogenen Daten-
bank Wert gelegt.

Von insgesamt 98 angeschriebenen Unternehmen stellten 43 Betriebe 413 auswertbare Fertigteilzeichnungen zur Verfügung.
Die Aufschlüsselung dieser Zeichnungen erfolgte mit Hilfe des
in Bild 8 dargestellten Formblatts. Dazu wurden die Werkstücke

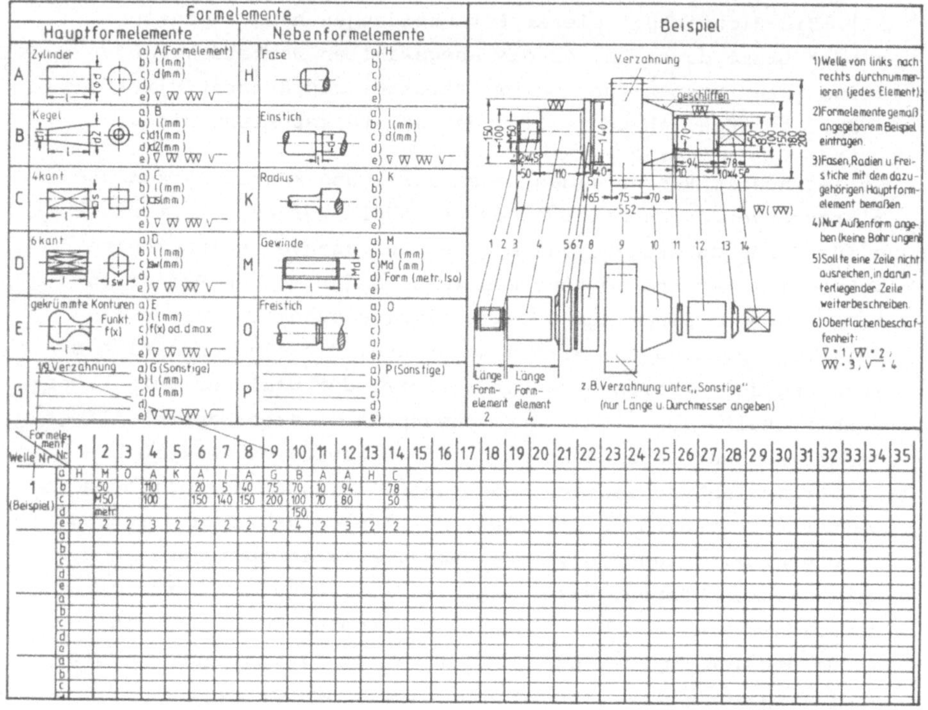

Bild 8: Formblatt zur Zeichnungsaufschlüsselung (Formelemente
        nach [43]).

elementweise von links nach rechts durchnumeriert und die einzelnen Formelemente entsprechend ihrer Zuordnung zu einem der
Haupt- oder Nebenformelemente und ihrer daraus folgenden Kenngrößen gemäß dem im vorgenannten Bild dargestellten Beispiel

beschrieben. Mit den so beschriebenen Rotationsteilen ließen
sich nun die Dateien FIRMA.DAT und WELFO.DAT aufbauen. FIRMA.-
DAT enthält dabei die angeschriebenen, mit entsprechenden
Schlüsselnummern versehenen Firmen und WELFO.DAT die Element-
sätze der einzelnen Wellen, die mit zugehörigen Schlüsselnummern unter Beibehal-
tung ihrer Wellenstruk-
tur abgespeichert sind
(Bild 9). Diese beiden
Dateien, deren Daten-
material sich ausschließ-
lich auf die Informatio-
nen stützt, die sich aus
Kennziffern von 6153
Haupt- und Nebenformele-
menten ergeben, bilden die
Grundlage für die Defini-
tion des Teilespektrums;
sie sind zentraler An-
sprechpartner für alle
mit der Auswertung befaßten
Programmbausteine.

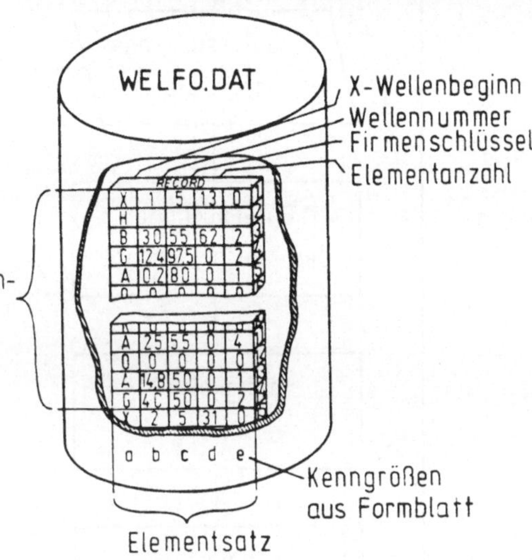

Bild 9: Aufbau der Datei
WELFO.DAT.

2.3 Auswertung der Industriebefragung

2.3.1 Auswerteprogramm UNIWE

Mit dem zur Datenauswertung erstellten Programm UNIWE, dessen
Grobflußdiagramm Bild 10 wiedergibt, lassen sich Anzahl, Form,
Lage und technische Eigenschaften der Formelemente feststellen.
Dabei ergeben sich die einzelnen Untersuchungsmerkmale nicht
nur aus Fragen, die das Radialumformen - obwohl hier eindeu-
tig die größere Gewichtung liegt - oder ein weiterbearbeiten-
des Verfahren betreffen, sondern auch aus solchen, die beide
Verknüpfungsseiten berücksichtigen. Eine Auswahl verschiedener
Untersuchungsmerkmale ist in Bild 11 zusammengefaßt. Je nach
Untersuchungsmerkmal werden nun die entsprechenden Kenngrößen

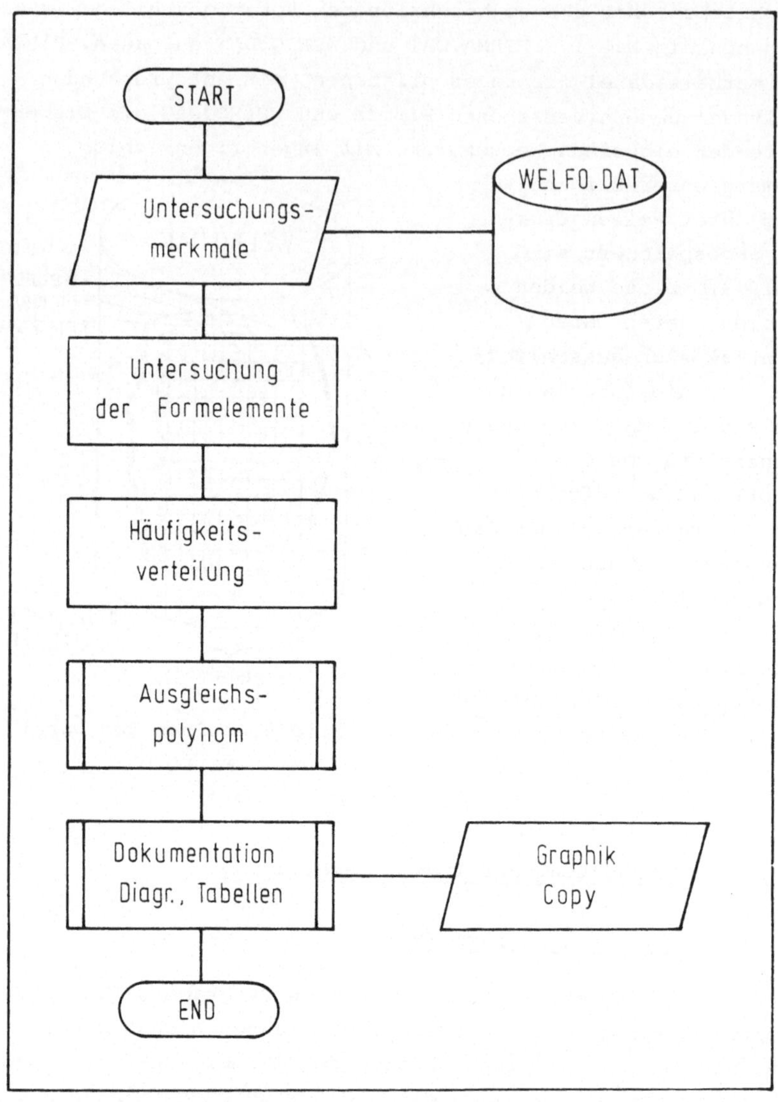

Bild 10: Grobflußdiagramm Programm UNIWE.

bzw. die mit Hilfe mathematischer Formulierungen verknüpften
Kenngrößen auf ihre Häufigkeit hin untersucht und mit einem,
nach der Methode des Fehlerquadratminimums arbeitenden,Bib-

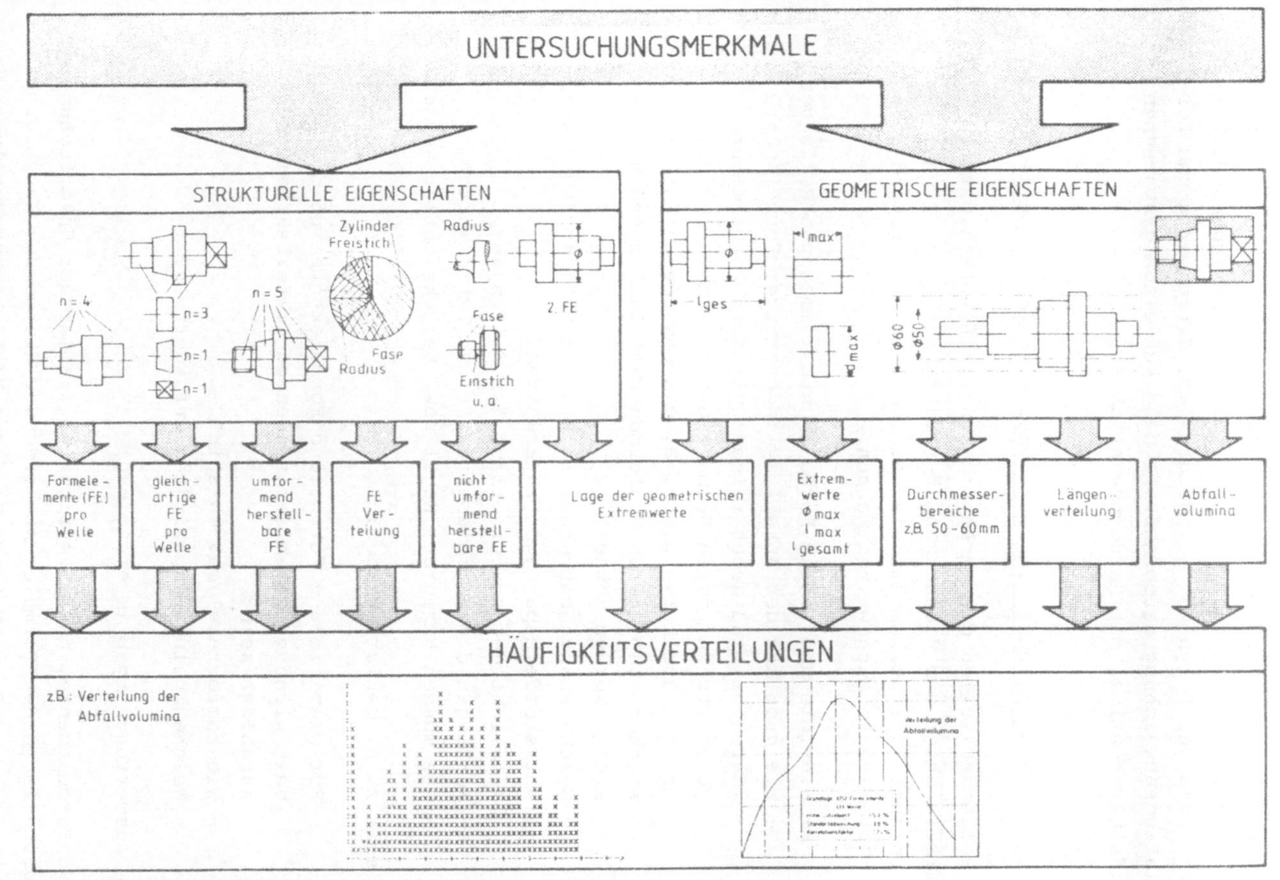

Bild 11: Zusammenstellung der Untersuchungsmerkmale.

liothekausgleichsprogramm zu teilweise eindeutigen Lösungen
geführt. Der darauffolgende Programmabschnitt ermöglicht neben
der Darstellung von Informationen, wie arithmetischer Mittelwert, Grad des Polynoms, Standardfehler, Extremwerte und Kor-
relationsabweichung deren Aufzeichnung auf einem graphischen
Bildschirmterminal mit Hardcopyeinrichtung.

2.3.2   <u>Beschreibung einiger exemplarischer Ergebnisse</u>

Im folgenden sollen die im Anforderungsprofil festgelegten
Merkmale unter der Zielsetzung der Verfahrensverknüpfung, vor
allem aber im Hinblick auf die Beantwortung nachstehend auf-
geführten Fragen ausgewertet werden:

- Wieviele und welche Formelemente kommen pro Welle vor?
- Wie groß ist der Anteil zylinderartiger Formelemente
  (darunter sind neben reinen Zylindern Formelemente
  zu verstehen, deren Geometrie eine sinnvolle zylin-
  drische Hüllkurve, wie z. B. ein Gewinde, zuläßt) -
  solcher also, deren Vorformen radialumformend herge-
  stellt werden können?
- Welche Spanvolumina bzw. in welcher Größenordnung sind
  Werkstoffeinsparungen zu erwarten?
- Wie sieht der Konturverlauf der Wellen aus?
- Wo liegen die Formelemente mit den Extremwerten?
- Wie müssen Exzenter, Kegel usw. berücksichtigt werden?

So soll z. B. geklärt werden:

- Für wieviele und für welche Formelemente muß das Arbeitsplanungssystem der spanenden Weiterbearbeitung
  ausgelegt sein?
- Wie komfortabel muß es sein?
- Welche Speicherkapazitäten erfordert es?

Die Auswertung ergab im einzelnen:

2795 Formelemente, das entspricht 45 % aller der Untersuchung
zugrundeliegenden Formelemente sind der Gruppe der Hauptform-
elemente zuzuordnen. Entsprechend der Häufigkeitsverteilung

setzen sich 40 % der Wellen aus 10 bis 14 Formelementen zusammen, die dann wiederum 5 bis 8 zylinderartige Formelemente beinhalten (Bild 12). Der Gesamtanteil radialumformend her-

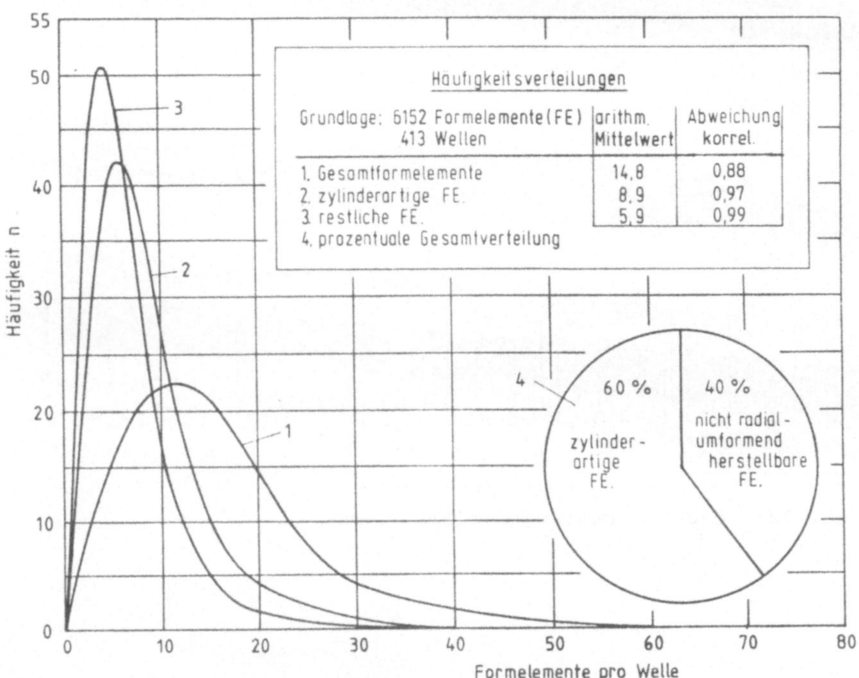

Bild 12: Verschiedene Häufigkeitsverteilungen.

stellbarer zylinderartiger Formelemente (inklusive der Nebenformelemente Gewinde und Einstich) beträgt demnach 60 %. Die Verteilung der einzelnen Formelementspezifikationen gemessen an der Gesamtheit aller Formelemente gibt Bild 13 wieder. 34 % der Wellen haben eine einseitig fallende, 49 % eine zweiseitig fallende und 17 % eine gemischte (fallende und steigende) Konturlinie (Bild 14). Für den betrachteten Geometriebereich liegt der größte Durchmesser zwischen 129 und 141 mm, die Gesamtlänge bei 750 mm.

Einen wesentlichen Einfluß auf die Lage der Schnittstelle zwi-

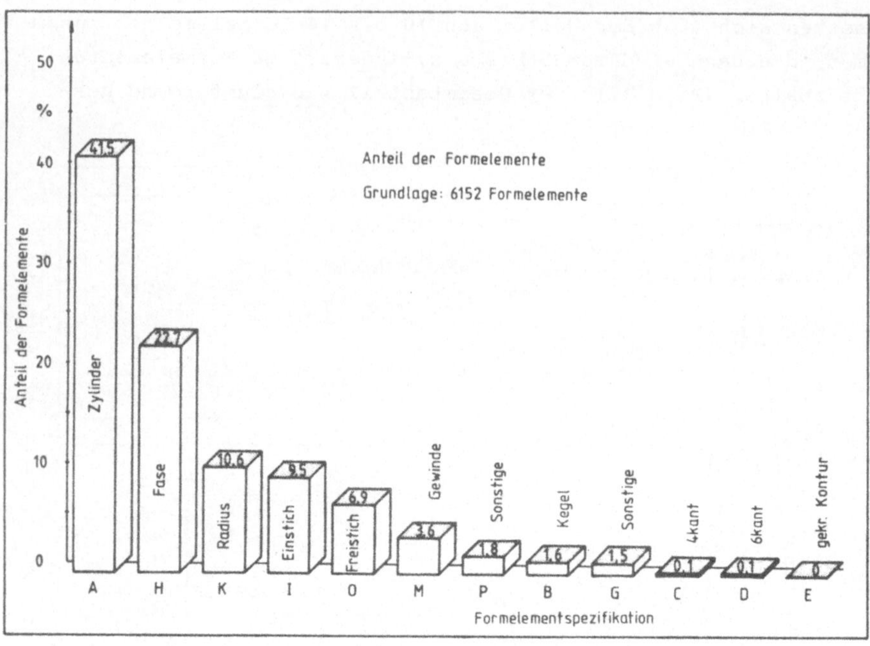

Bild 13: Gesamtverteilung der Formelemente.

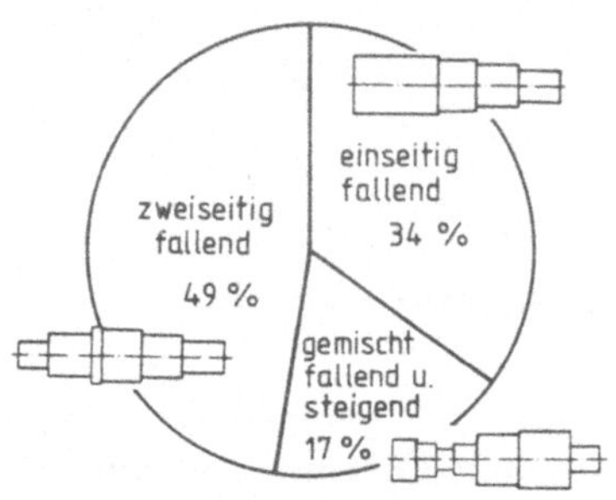

Bild 14: Konturverlauf.

schen dem Radialumformen und einem spanenden Weiterbearbei-
tungsverfahren dürfte die Erkenntnis haben, daß das Abfallvolumen bei rotationssymmetrischen, längsachsenbetonten Wellen
45,2 % (arithmetischer Mittelwert)(Bild 15) beträgt (dieser
Wert wird in der Literatur teilweise noch wesentlich höher an-

gegeben [33, 34]).

Daneben lassen sich noch Erkenntnisse - die allerdings keine
so allgemeingültige Aussagekraft besitzen und deshalb nicht
weiter diskutiert werden sollen - gewinnen, die über die Verteilung der verschiedenen Formelemente pro Welle, die Häufigkeit von Formelementen in bestimmten Durchmesserbereichen,

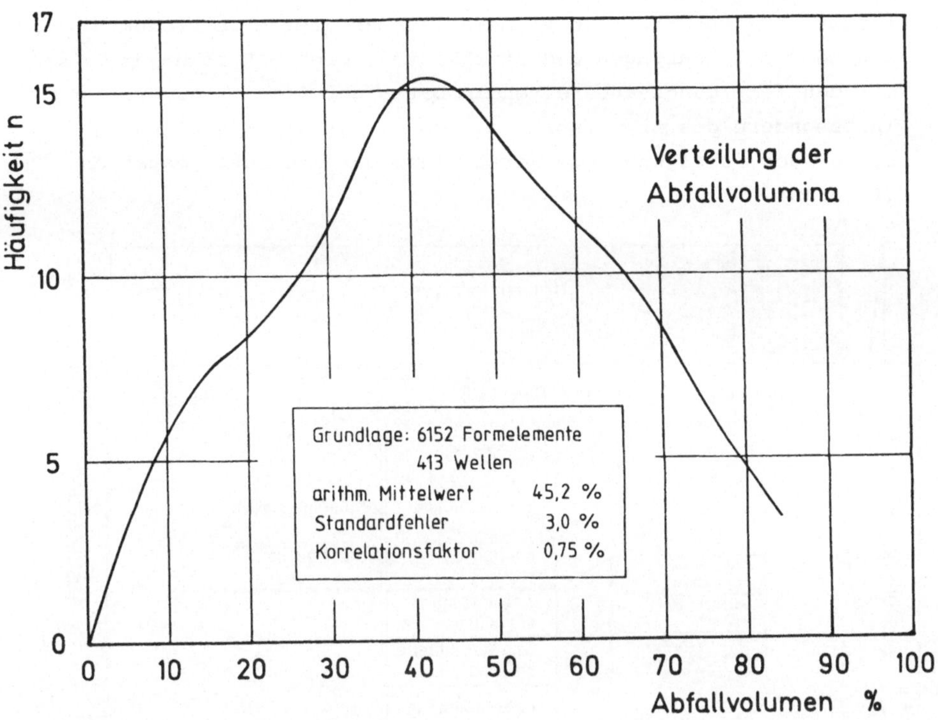

Bild 15: Verteilung des Abfallvolumens.

Fertig- und Rohteilvolumen sowie über die Lage der größten
Formelemente, bezogen auf die Formelementanzahl bzw. auf die
Gesamtlänge, Auskunft geben können.

3.1   Stellung und Aufgabe der Arbeitsvorbereitung

Das Fabrikationssystem hat die Aufgabe, Produkte unter Berücksichtigung von Art, Menge und Termin wirtschaftlich herzustellen. Es gliedert sich in die Bereiche Entwicklung, Konstruktion, Arbeitsvorbereitung und Fertigung.

In enger Zusammenarbeit mit der Erzeugnisentwicklung konkretisiert die Konstruktion vermeintlich absatzfähige Produkte
anhand von Zeichnungen und Stücklisten, die in Verbindung
mit den fertigungsvorbereitenden Daten der Arbeitsvorbereitung,
insbesondere des Arbeitsplanes, dem eigentlichen Vollzugsbe-
reich, der Fertigung, die Herstellung des Produkts gestatten
(Bild 16).

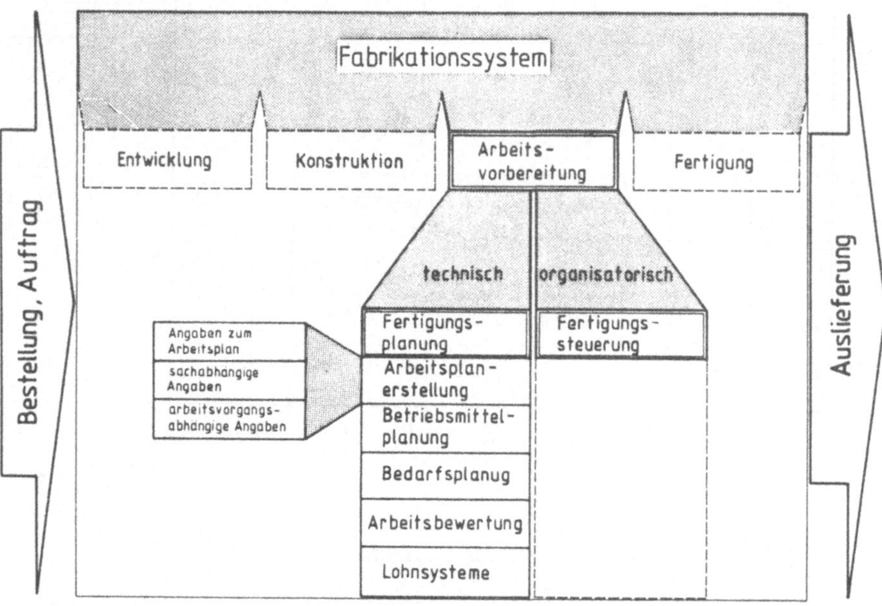

Bild 16: Stellung der Arbeitsvorbereitung.

Der Begriff der Arbeitsvorbereitung umfaßt nach dem AWF (Aus-
schuß für wirtschaftliche Fertigung) [35] die Gesamtheit aller

Maßnahmen einschließlich der Erstellung aller erforderlichen
Unterlagen und Betriebsmittel, die durch Planung, Steuerung
und Überwachung für die Fertigung von Erzeugnissen ein Minimum an Aufwand gewährleisten. Sie beinhaltet die Bereiche Fertigungsplanung und Fertigungssteuerung, die sich vorwiegend
mit organisatorischen, vor jedem einzelnen Auftrag anfallenden
Aufgaben beschäftigt. Von der hauptsächlich technisch orien-
tierten Fertigungsplanung werden dagegen Vorgänge erfaßt, die
allgemein und einmalig, wie z. B. die Arbeitsplanerstellung
in Hinsicht auf die fertigungsgerechte Herstellung eines Produkts vor Anlauf der Fertigung, zu tätigen sind.

3.2   Automatische Arbeitsablaufermittlung

Die manuelle Arbeitsplanerstellung beansprucht aufgrund des
immer umfangreicheren und komplizierteren Teilespektrums einen
immer größeren Raum im betrieblichen Leistungsprozeß, der zudem noch durch seine ungünstige Aufgabenverteilung (70 %
Nachschlag- und 30 % Planungstätigkeit [36]) auf ein dringend
notwendiges Überdenken der Vorgehensweise zur Arbeitsplanerstellung hindeutet. Der Arbeitsablauf als Bestandteil des Arbeitsplanes soll im folgenden von besonderem Interesse sein,
da sich hier - speziell unter gewissen Voraussetzungen - Auto-
matisierungsmöglichkeiten dahingehend bieten, daß,neben an-
derem,die Bestimmung der Teilvorgänge und Arbeitsstufen sowie
die Festlegung der Arbeitsvorgangsfolge dem Rechner übertragen
werden kann. Somit ist dieser in der Lage, alle Planungstätig-
keiten, angefangen von der formalen Berechnung über logische
Ermittlungen bis hin zu schöpferischen Überlegungen ohne Ein-
griff des Menschen zu erledigen, was in etwa mit einem Simula-
tionsverlauf des Fertigungsprozesses gleichzusetzen ist.

Entsprechend der Vorgehensweise unterscheidet man drei verschiedene Lösungsprinzipien:

        die Arbeitsplanverwaltung,
        die Ähnlichkeitsplanung und
        die Neuplanung.

Während die Arbeitsplanverwaltung hauptsächlich abgespeicherte, auftragsneutrale Arbeitspläne mit Hilfe von Klassifizierungsschlüsseln oder Teilefamilien heraussucht und mit auftragsgebundenen Daten versieht, erweitert die Ähnlichkeitsplanung diesen Sachverhalt, indem Werkstückgruppen gebildet werden und fertigungstechnisch ähnliche Werkstücke mit einem Standardarbeitsplan, der durch variable Elemente ergänzt wird, gefertigt werden. Bei der Neuplanung erfolgt eine verfahrens- und werkstückbezogene, auf der Grundlage von Planungsregeln erarbeitete, auftragsneutrale Arbeitsplanerstellung.

Stellvertretend für die auf dem Gebiet der automatischen Arbeitsplanerstellung entwickelten Programmsysteme seien hier folgende genannt:

> für die spanende Bearbeitung:
> ARPL [37], AUTAP [38], AUTODAK [39, 40], CAPSY [41],
> DREKAL [42, 43], VARAP [44] und

> für die spanlose Bearbeitung:
> [45, 46, 47] und PRORUM [15].

Eine vergleichende Übersicht ist in [38] enthalten.

4 Automatische Arbeitsplanerstellung für die Drehbearbeitung

Bei einer Verfahrensverknüpfung der Verfahren Radialumformen
und Drehen sollen,wie vorgenannt,die Daten des einen Verfahrens an das andere übergeben und zudem die Kommunikation zu
übergeordneten Rechnersystemen hergestellt werden. Dafür ist
neben dem Arbeitsplanungssystem für das Radialumformen (PRORUM)
ein dazu kompatibles Programmsystem zur Kalkulation und Arbeitsablaufermittlung der Drehbearbeitung notwendig, welches
zunächst aus der Vielzahl der angebotenen Programme ausgewählt werden soll.

4.1 Anforderungen an das Arbeitsplanungssystem

Aufschluß über Art und Leistungsvermögen der auf dem Markt
befindlichen Planungssysteme erbrachte eine Literaturuntersu-
chung, wobei die einzelnen Merkmale mit den Anforderungen des
in Bild 17 aufgestellten Pflichtenhefts verglichen wurden. Die
Beurteilung und der Vergleich der einzelnen Planungssysteme
gestaltetensich von Anfang an sehr aufwendig, da die einzelnen
Merkmale teilweise nur sehr unvollständig miteinander verglichen werden konnten und zudem die Veröffentlichungen nicht
immer die neueste Ausbaustufe repräsentierten. Eine Gewichtung
der Kriterien des Pflichtenhefts erschien deshalb sinnvoll.
Zu den zwingend notwendigen Voraussetzungen, die dieses System
unbedingt erfüllen muß, gehören demnach:

- Arbeitsplanerstellung für das Fertigungsverfahren
  Drehen,
- Arbeitsplanerstellung für einfache Rotationsteile,
- Vorgabezeitermittlung und Kostenkalkulation,
- elementbezogene Werkstückbeschreibung,
- Rohteilbeschreibung,
- Generierungsprinzip,
- definierte Programmschnittstellen und
- modularer Programmaufbau.

Für eine integrierte Fertigungsplanung wären daneben noch fol-

Pflichtenheft		
Anwendungsbereich	<u>Verfahren</u> :	- Drehen
	<u>Teilespektrum</u> :	- einfache Rotationsteile
	<u>erstellte Unterlagen</u>:	- Fertigungsanweisung
		- Vorgabezeit
		- Kalkulation
		- Fertigungsmittelauswahl
		- Fertigungshilfsmittelauswahl
		- Werkzeugeinrichtplan
		- NC-Steuersatz
		- auftragsgebundene Planung
Arbeitstechnik	<u>Eingabeform</u> :	- Eingabesprache
		- Dialogbetrieb
	<u>Eingabeelement</u> :	- technische Elemente
		- geometrische Elemente
		- min. 30 Elemente
		- Fertigteilbeschreibung
		- Rohteilbeschreibung
		- Werkstückbeschreibung für PRORUM verwendbar
Systemeigenschaften	<u>Arbeitsweise</u> :	- Generierungsprinzip
		- Zeitbedarf
	<u>Software</u> :	- FORTRAN
		- Softwareumfang
		- modularer Aufbau
		- Integration Gesamtsystem
		- Betriebsdatei
		- Schnittstellen
	<u>Hardware</u> :	- 32 KW /16 Bit
		- PDP 11/34, VAX
		- Graphik

Bild 17: Anforderungen an ein Arbeitsplanungssystem.

gende Eigenschaften wünschenswert: Fertigungsmittel- und
Fertigungshilfsmittelauswahl, Dialogeingabe, Werkzeugeinricht-
plan, NC-Steuersatz sowie auftragsgebundene Planung.

4.1.1 Arbeitsplanerstellung für das Fertigungsverfahren Drehen

Der Anwendungsbereich von Verfahren zur automatischen Arbeitsplanerstellung hat in jüngster Zeit eine beträchtliche Breite
erreicht, wobei diese sich zum einen auf die verschiedenen
Fertigungsverfahren und zum anderen auf die Programmausbau-
stufen bezieht. So gibt es neben den Planungssystemen für die
Drehbearbeitung, um die es hier in erster Linie geht, Planungssysteme für die Verfahren Bohren, Fräsen, Oberflächen-
und Wärmebehandlung, Sägen, Schleifen, Verzahnen, Gewinden,
Räumen, Stoßen und Umformen in Ausbaustufen, die von der einfachen NC-Datentransformation bis hin zur vollautomatischen,
integrierten Fertigungsunterlagenerstellung reichen.

4.1.2 Arbeitsplanerstellung für einfache Rotationsteile

Betrachtet man die verschiedenen Programmsysteme, so wird
sehr schnell deutlich, daß die meisten Systeme nur für ein sehr
begrenztes Teilespektrum einsetzbar sind. Es existieren Programme für einfache, für komplizierte, für gedrungene, für
schlanke und für scheibenförmige Rotationsteile ebenso wie
für Flach-, Blech- und quaderförmige Teile. Den Anforderungen
des erarbeiteten Teilespektrums genügend sollte das Planungsprogramm für einfache, schlanke Rotationsteile ausgelegt sein.

4.1.3 Vorgabezeitermittlung und Kostenberechnung

Eine der wichtigsten Entscheidungshilfen bei der wirtschaftli-
chen Beurteilung einer Fertigungseinrichtung sind die bei der
Herstellung eines Werkstücks auf dieser Anlage anfallenden
Kosten. Ein in Betracht kommendes Programmsystem sollte des-
halb die Möglichkeit zur Haupt- und Nebenzeitberechnung haben.
Daneben müssen aber auch betriebsspezifische Dateien zum

Programmumfang gehören, die Daten, wie Rüst-, Verteil- und
Erholzeiten, Maschinenstundensätze der zur Verfügung stehenden Maschinen, allgemeine Kostendaten, Schnittwerte, Spann-
mittel, Werkstoffe und Formeln beinhalten. Von Vorteil, allerdings nicht notwendig, wäre auch die Möglichkeit einer Kosten-
vergleichsrechnung alternativer Verfahren, da bei dieser Pro-
grammeigenschaft schon Zwischenspeicher für bereits berechnete Daten aufgebaut wären.

4.1.4 Werkstückbeschreibung

Auf dem Gebiet der Werkstückbeschreibung unterscheidet man
neben den Möglichkeiten, die durch die verschiedenen Lösungsprinzipien, wie Varianten-, Ähnlichkeits- und Generierungsprinzip vorgegeben sind, grundsätzlich die Methoden der Beschreibung anhand von Konturlinien und derer mit Hilfe von
Formelementen, wobei diese geometrisch (z. B. Kegelstumpf)
oder technisch (z. B. Fase) orientiert sein können. Die Werkstückbeschreibung im Programmsystem PRORUM erfolgt auf der
Grundlage der Formelementbeschreibung, so daß es naheliegend
ist, bei der Auswahl eines Arbeitsplanungssystems für die
Drehbearbeitung darauf zu achten, daß dieses möglichst nach
der selben Beschreibungsform und auf der Basis des Generie-
rungsprinzips arbeitet. Eine weitere und, wie sich im nach-
hinein herausstellte, sehr viel härtere Einschränkung ergibt
sich aus der Beschreibung des Rohteils. Entgegen den sonst
üblichen Rohteilen kommen bei einer derartigen Verfahrensverknüpfung radialumgeformte Teile als Rohteile für die Drehbearbeitung zum Einsatz, deren Beschreibung ebenfalls mit Hilfe
von Formelementen vorgenommen werden muß.

4.1.5 Größe und Aufbau eines Arbeitsplanungssystems

Die am Institut für Umformtechnik vorhandene Rechenanlage
(PDP 11/34, 32 KW, 16 bit, Digital Equipment Corporation) er-
laubtdie Verarbeitung von FORTRAN-Programmen, die bei Berücksichtigung der Betriebssoftware eine Größe bis zu 32 KW erreichen dürfen. Demzufolge wäre es wünschenswert- auch im Hin-

blick auf die Kompatibilität zu PRORUM - ein auf vergleichbaren, mit entsprechendem Betriebssystem ausgerüsteten Rechen-
anlagen lauffähiges Planungssystem zu erhalten. Zur Durchführung des Datentransfers und der ohne größeren Aufwand möglichen Integrierbarkeit in ein Gesamtsystem sollte es modular,
mit ganz klar definierten Schnittstellen zwischen den Programmteilen wie Werkstückbeschreibung - Arbeitsplanerstellung -
Kostenberechnung aufgebaut sein.

4.2 Programmsystem zur automatischen Arbeitsplanerstel-lung bei der Drehbearbeitung

Stellvertretend für die große Anzahl der auf dem Markt befindlichen Arbeitsplanungssysteme lassen sich nach [48] drei
Systeme nennen, die als allgemein gültige Lösungen angesehen
werden können. Alle drei Systeme: AUTAP Prof. Eversheim,
Aachen [38], CAPSY Prof. Spur, Berlin [41] und DREKAL Prof.
Tönshoff, Hannover [42, 43] wurden mit den Auswahlkriterien
des Pflichtenhefts verglichen und anhand ihrer allgemeingül-
tigen Charakteristiken zusammen mit PRORUM in Bild 18 gegenübergestellt. Dabei zeigte sich, daß DREKAL wohl am ehesten
in der Lage sein könnte, die vorgegebenen Randbedingungen ohne
größere Änderungen zu erfüllen, was für die Wahl dieses
Systems schließlich auch ausschlaggebend war.

4.2.1 Rechnerunterstütztes Arbeitsplanungssystem DREKAL

Für die Belange kleinerer und mittlerer Betriebe wurde am Institut für Fertigungstechnik und spanende Werkzeugmaschinen
(IFW) der Universität Hannover das System DREKAL (Drehteil-
Kalkulation) entwickelt. Es ermöglicht,neben den Aufgaben der
Arbeitsplanung,die Kalkulation von Zeiten und Kosten des na-
hezu gesamten Rotationsteilespektrums. DREKAL zeichnet sich
aufgrund der Eigenständigkeit und seiner dialoggeführten Pro-
grammsteuerung durch einen geringen Einführungsaufwand und
eine einfache Bedienung aus. Ebenso wie die Beschreibung des
Fertigteils erfolgt die des Rohteils mit Hilfe von Formelementen. Zudem wurde das Programm auf einer vergleichbaren Rechen-

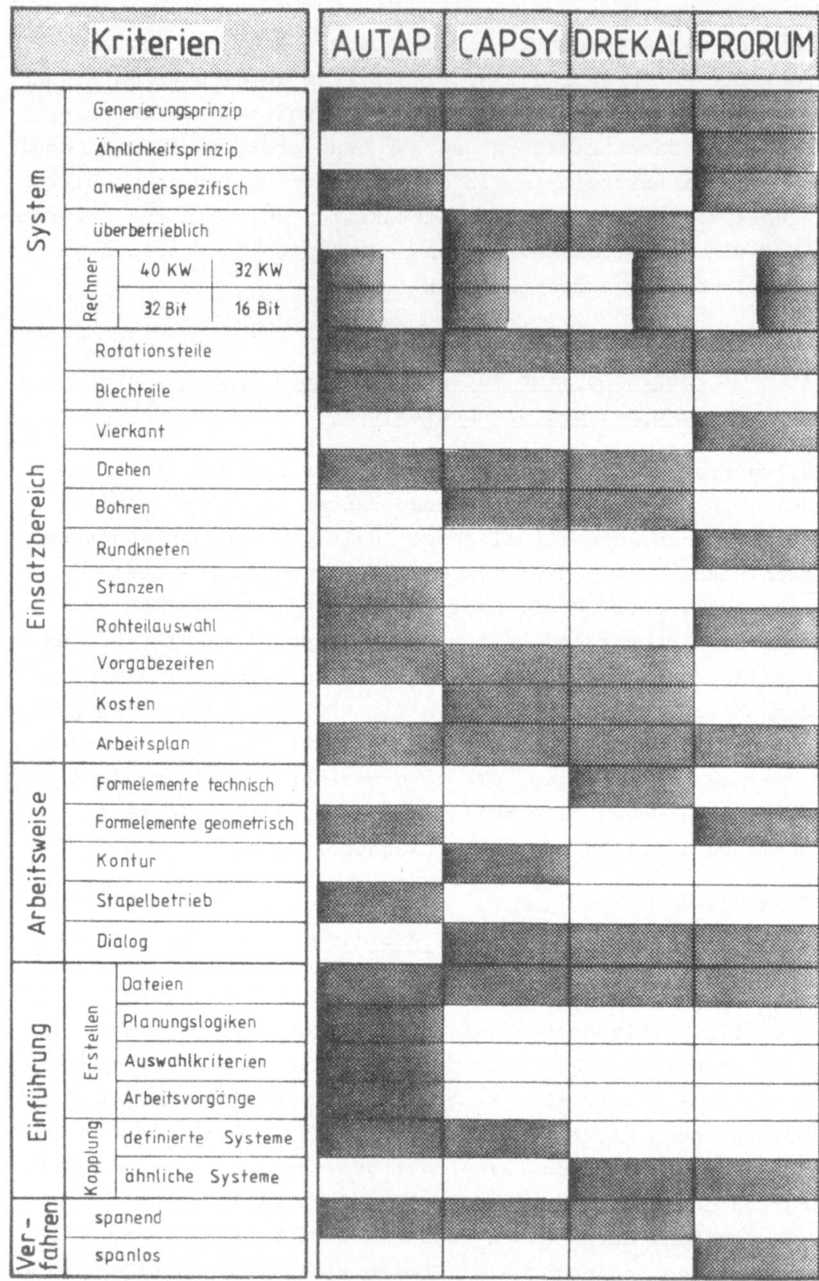

Bild 18: Gegenüberstellung der Arbeitsplanungssysteme AUTAP, CAPSY, DREKAL und PRORUM.

anlage (PDP 11/34) entwickelt, was eine relativ problemlose
Programmverknüpfung erlaubt.

Wie aus Bild 19 deutlich zu erkennen ist, gliedert sich DREKAL
in fünf eigenständige, über Dateien verknüpfte Moduln:

- REGRES - DATEDI,
- DREPLAN,
- DREBES,
- SAMMEL und
- NCGEO.

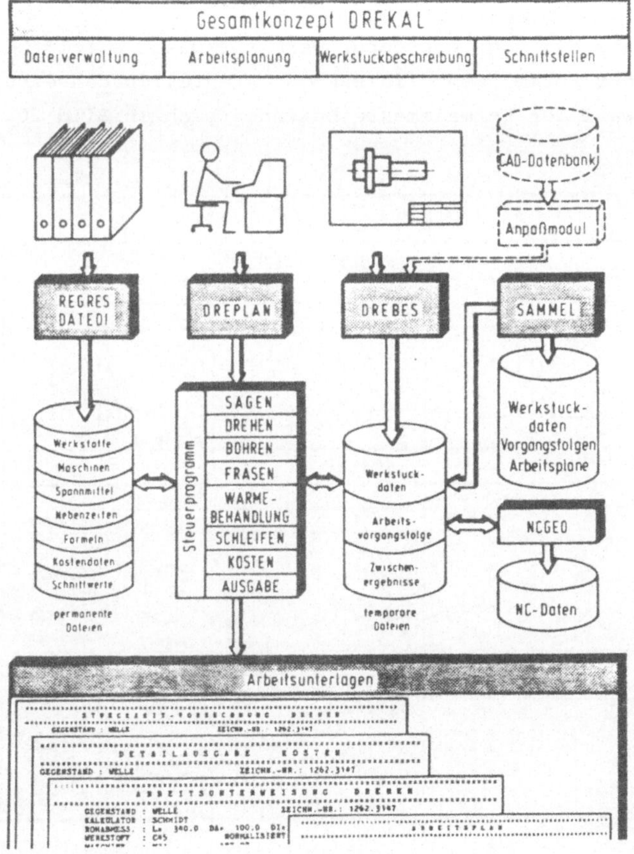

Bild 19: Gesamtkonzept von DREKAL [43].

REGRES - DATEDI

Dieser Programmteil übernimmt die Wartung und die Bereitstellung der betriebsspezifischen Daten. Während DATEDI für die Verwaltung konstanter, nicht berechenbarer Kenngrößen von Maschinen und Werkstoffen zuständig ist, hat REGRES die Aufgabe, die mit Hilfe von Regressionskurven berechenbaren Daten, wie Tabellenwerte und Zeiten, vor jedem Gebrauch neu aufzubereiten. Dadurch wird erreicht, daß zum einen der Speicherbedarf und zum anderen die Zugriffszeit klein gehalten wird.

DREBES

Die Eingabe planungsrelevanter Werkstückdaten erfolgt mittels technischer Formelemente in DREBES (Drehteil-Beschreibung); eine Auswahl der Formelemente befindet sich in Bild 20. Dazu

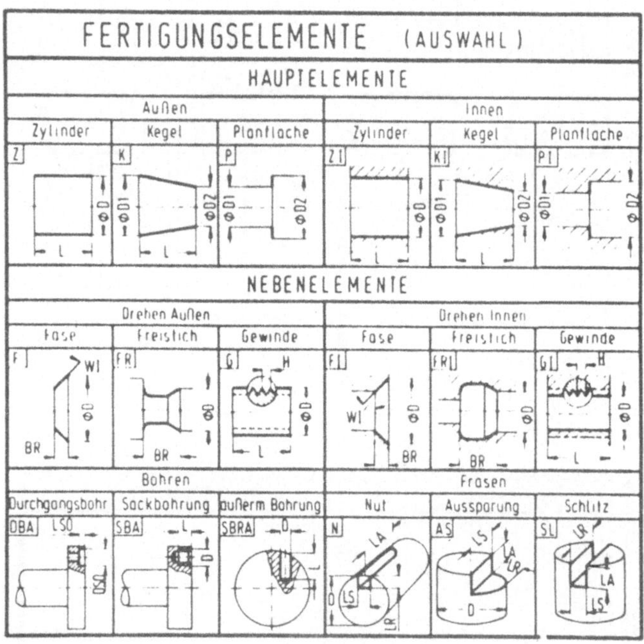

Bild 20: Auswahl aus dem Fertigungselementekatalog [43].

wird zuerst mit Hauptelementen die Grobkontur des Werkstücks
beschrieben, der dann anschließend die Nebenelemente überla-
gert werden. Der interaktive Dialog ermöglicht eine sofortige
Korrektur der Eingabedaten, falls deren Überprüfung auf syn-
taktische oder logische Fehler hindeutet. Daneben besteht die
Möglichkeit der graphischen Darstellung des beschriebenen
Werkstücks. DREBES erfordert neben der Beschreibung des Fertigteils auch die des Rohteils, wobei es dafür vier verschiedene Versionen anbietet (Bild 21):

1. Rohteil als Stangenabschnitt,
2. Rohteil als Schmiede- oder Gußteil: Generierung
   aus dem Fertigteil mit generellem Aufmaß,
3. Rohteil als Schmiede- oder Gußteil: Generierung
   aus dem Fertigteil mit speziellem Aufmaß und
4. Rohteil als Komplexteil: Beschreibung wie Fertigteil.

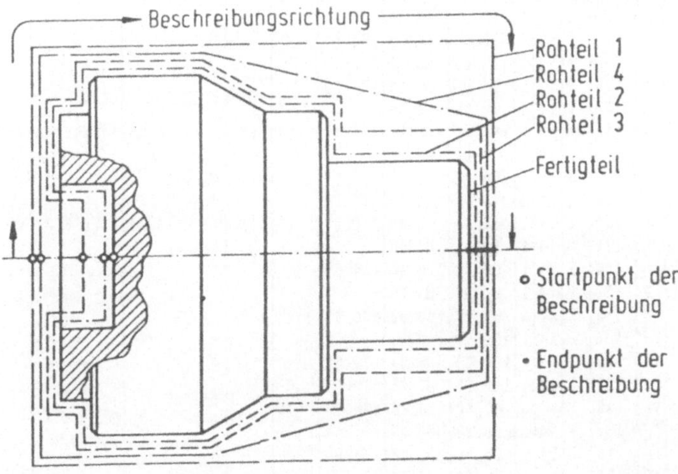

Bild 21: Beschreibungsformen der Rohteilgeometrie [49],

Das in Bild 22 dargestellte Beispiel soll die Vorgehensweise
zur Werkstückbeschreibung verdeutlichen. Ausgehend vom linken
Planflächenmittelpunkt des Rohteils wird mit dem Code 130 dessen Planfläche bis zum Durchmesser 63 mm beschrieben, der sich

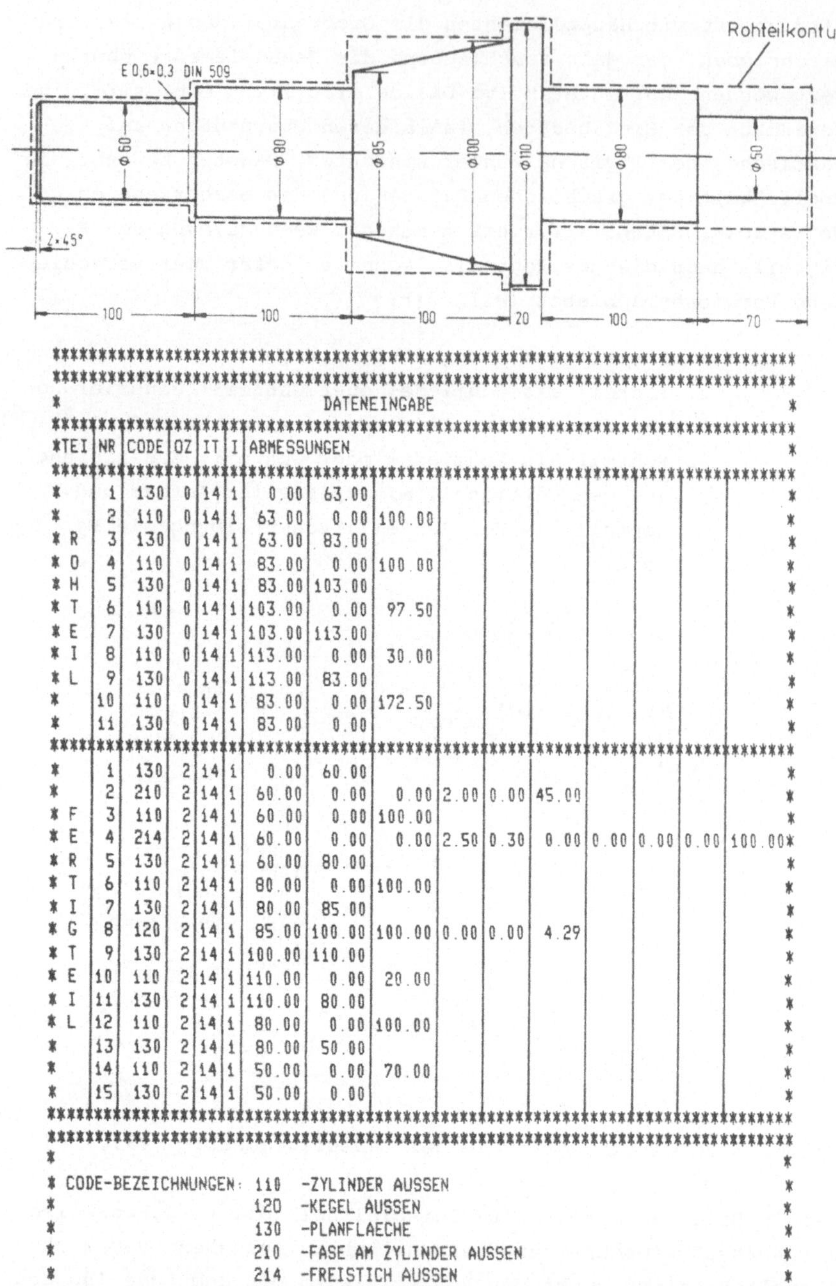


```
******************************************************************************
******************************************************************************
*                              DATENEINGABE                                  *
******************************************************************************
*TEI NR CODE OZ IT I ABMESSUNGEN                                             *
******************************************************************************
*      1  130  0 14 1    0.00  63.00                                         *
*      2  110  0 14 1   63.00   0.00 100.00                                  *
* R    3  130  0 14 1   63.00  83.00                                         *
* O    4  110  0 14 1   83.00   0.00 100.00                                  *
* H    5  130  0 14 1   83.00 103.00                                         *
* T    6  110  0 14 1  103.00   0.00  97.50                                  *
* E    7  130  0 14 1  103.00 113.00                                         *
* I    8  110  0 14 1  113.00   0.00  30.00                                  *
* L    9  130  0 14 1  113.00  83.00                                         *
*     10  110  0 14 1   83.00   0.00 172.50                                  *
*     11  130  0 14 1   83.00   0.00                                         *
******************************************************************************
*      1  130  2 14 1    0.00  60.00                                         *
*      2  210  2 14 1   60.00   0.00   0.00 2.00 0.00 45.00                  *
* F    3  110  2 14 1   60.00   0.00 100.00                                  *
* E    4  214  2 14 1   60.00   0.00   0.00 2.50 0.30  0.00 0.00 0.00 0.00 100.00*
* R    5  130  2 14 1   60.00  80.00                                         *
* T    6  110  2 14 1   80.00   0.00 100.00                                  *
* I    7  130  2 14 1   80.00  85.00                                         *
* G    8  120  2 14 1   85.00 100.00 100.00 0.00 0.00  4.29                  *
* T    9  130  2 14 1  100.00 110.00                                         *
* E   10  110  2 14 1  110.00   0.00  20.00                                  *
* I   11  130  2 14 1  110.00  80.00                                         *
* L   12  110  2 14 1   80.00   0.00 100.00                                  *
*     13  130  2 14 1   80.00  50.00                                         *
*     14  110  2 14 1   50.00   0.00  70.00                                  *
*     15  130  2 14 1   50.00   0.00                                         *
******************************************************************************
******************************************************************************
*                                                                           *
* CODE-BEZEICHNUNGEN: 110  -ZYLINDER AUSSEN                                  *
*                     120  -KEGEL AUSSEN                                     *
*                     130  -PLANFLAECHE                                      *
*                     210  -FASE AM ZYLINDER AUSSEN                          *
*                     214  -FREISTICH AUSSEN                                 *
******************************************************************************
```

Bild 22: Beispiel zur Werkstückbeschreibung mit DREBES.

dann im zweiten Schritt (NR 2) ein Zylinder (Code 110) mit
63 mm Durchmesser und 100 mm Länge anschließt. Weiter erfolgt
nun die Beschreibung der Planfläche 63 mm bis 83 mm Durchmesser usw. Mit der Bezeichnung OZ wird nach der Oberflächenbe-
arbeitung mit IT nach der ISO-Toleranzreihe und mit I nach der
Anzahl der Wiederholungen der Formelemente gefragt.

Im Falle einer Programmverknüpfung ist daran gedacht, DREBES
als übergeordnetes Beschreibungssystem einzusetzen und die
für PRORUM benötigten Daten daraus abzuleiten.

<u>DREPLAN</u>

Nachdem nun mit den vorgenannten Programmbausteinen DATEDI,
REGRES und DREBES die betriebsspezifischen Dateien aufgebaut
sind, kann die eigentliche Arbeitsplanung im betriebsneutra-
len Systemkern begonnen werden. Dazu übernimmt der Modul
DREPLAN als übergreifendes Steuerprogramm die Koordination der
einzelnen Arbeitsplanungstätigkeiten (Bild 23) und beginnt
dies mit der Festlegung der Arbeitsvorgangsfolge. Anschließend
ermittelt DREPLAN die in Frage kommenden Arbeitsplätze bzw.
Betriebsmittel und legt die entsprechenden Teilvorgänge fest.
Diese, zusammen mit den Programmteilen Schnittaufteilung und
Ermittlung der Einstelldaten, erlauben nun die Berechnung der
zur Kostenkalkulation benötigten Zeitanteile. Abgeschlossen
werden die Arbeiten in DREPLAN durch die Aufbereitung und Ausgabe folgender Informationen:

- Arbeitsplan
- Arbeitsunterweisung und
- Kostenaufstellung.

<u>SAMMEL</u>

Für etwaige Folgeaufträge oder Ähnlichkeitsplanungen können
die Planungsergebnisse in SAMMEL abgespeichert werden, was zu
einer erheblichen Zeitersparnis bei der Arbeitsplanung führen
kann.

NCGEO

Der letzte der fünf Programmbausteine, NCGEO, konkretisiert
die Schnittstelle zur Fertigung, indem er die geometriebezogenen Daten der einzelnen Arbeitsanweisungen in eine der Maschine verständliche Form umwandelt.

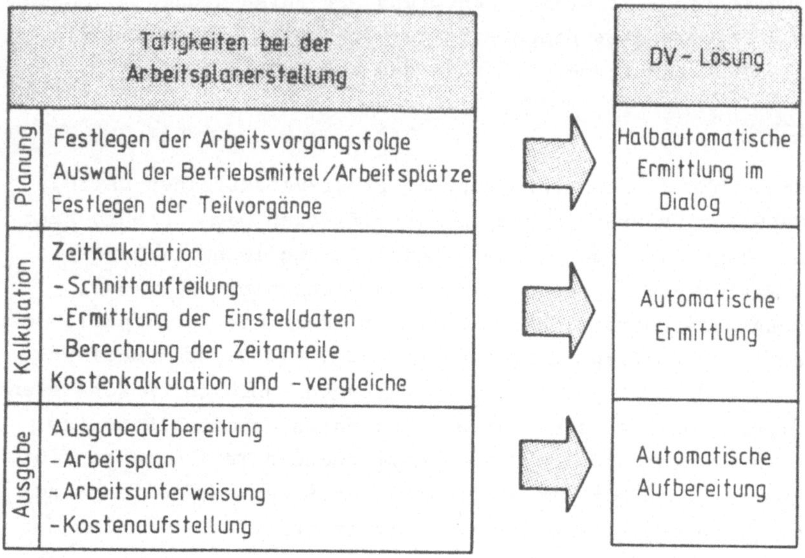

Tätigkeiten bei der Arbeitsplanerstellung		DV – Lösung
Planung	Festlegen der Arbeitsvorgangsfolge Auswahl der Betriebsmittel/Arbeitsplätze Festlegen der Teilvorgänge	Halbautomatische Ermittlung im Dialog
Kalkulation	Zeitkalkulation –Schnittaufteilung –Ermittlung der Einstelldaten –Berechnung der Zeitanteile Kostenkalkulation und –vergleiche	Automatische Ermittlung
Ausgabe	Ausgabeaufbereitung –Arbeitsplan –Arbeitsunterweisung –Kostenaufstellung	Automatische Aufbereitung

Bild 23: Arbeitsplanungstätigkeiten in DREPLAN [43].

Der rechnergestützte, vollautomatische Einsatz der in Abschnitt 1.2 beschriebenen flexiblen Bearbeitungseinheit RUM X
2000 erfordert neben den NC-gerecht aufbereiteten Fertigungsdaten auch deren automatische Erarbeitung in Form einer selbst-
tätigen Arbeitsablaufplanung. Verglichen mit den, in Kapitel 4
behandelten, hauptsächlich auf spanende Verfahren abzielenden
Arbeitsplanungssystemen kann die Arbeitsablaufplanung in der
spanlosen Formgebung nur mit relativ großem Aufwand einem
Rechner übertragen werden, was vor allem in dem, die Umformtechnik kennzeichnenden, Gesetz der Volumenkonstanz begründet liegt.

Dies hat zur Folge, daß die
geometrischen Verhältnisse,
insbesondere die bei der ungebundenen Umformung, nur
sehr aufwendig und unter
Berücksichtigung vieler
Randbedingungen [56] (Rei-
bung, Stofffluß, Durchschmiedung usw.) algorithmierbar
sind.

Im Mittelpunkt dieses Kapitels soll nun das am Institut für Umformtechnik ent-
wickelte, auf die angesprochenen, besonderen Gegebenheiten zugeschnittene
Programmsystem PRORUM
(<u>Pro</u>grammsystem <u>R</u>adial<u>um</u>-
formen) vorgestellt und
erläutert werden. In Ver-
bindung mit PRORUM-NC
(Programmiersystem) stellt
dies einen ersten Beitrag
zur integrierten Ferti-
gungsunterlagenerstellung
(Bild 24) auf dem Gebiet

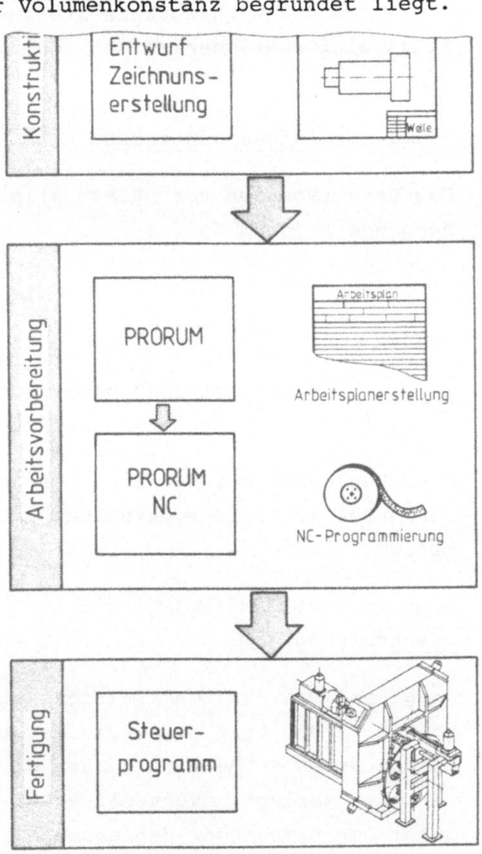

Bild 24: Integrierte Fertigungsunterlagenerstellung.

der Umformtechnik dar.

5.1 Programmsystem PRORUM

Das Programmsystem PRORUM wurde als anwenderspezifisches Arbeitsablaufplanungsprogramm für die Belange des Radialumformens und entsprechendem Teilespektrum konzipiert. Es verarbeitet auf Grund umfangreicher Planungslogik und unter Berücksichtigung verfahrens- und anlagenspezifischer Randbedingungen die werkstückbeschreibenden und verfahrensbedingten Eingabeinformationen zu den benötigten Arbeitsplandaten.

5.1.1 Aufbau von PRORUM

Das Gesamtkonzept von PRORUM gliedert sich in fünf zusammenhängende Programmteile:

- Beschreibung
- Anpassung
- Rohteilauswahl
- Bearbeitungsfolge- und
- Fertigungsdatenermittlung,

die, beginnend bei der Beschreibung, für jede Arbeitsplanung (Bild 25) in der dargestellten Reihenfolge durchlaufen werden müssen.

Beschreibung

Ausgehend von der Konstruktionszeichnung werden in Anlehnung an die Technologie des Radialumformens die werkstückbeschreibenden Daten aufbereitet. Dazu wird das Werkstück in Formelemente zerlegt, eventuell existierende Nebenformelemente unter entsprechender Maßzugabe mit benachbarten Hauptformelementen verschmolzen und komplexe Formelemente mit umhüllenden Zylinder- oder Kegelelementen beschrieben. Zusammen mit Angaben, wie Umformgrad, Spanzugabe, vorhandene Rohteilquerschnittsformen und aktueller Werkzeugspeicherbelegung bilden

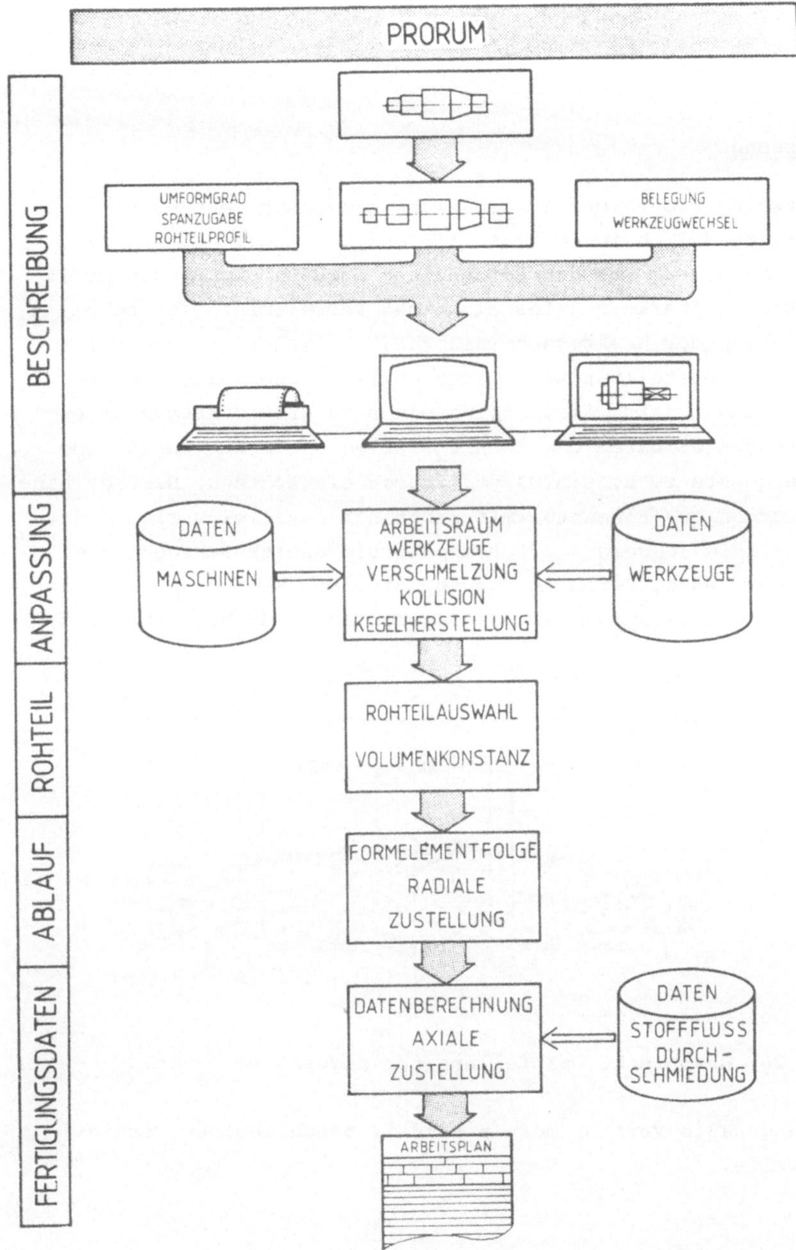

Bild 25: Gesamtkonzept von PRORUM nach [56].

die so aufbereiteten Daten die Grundlage zur automatischen
Arbeitsablaufplanung und werden im Dialogbetrieb dem Rechner
zugeführt.

<u>Anpassung</u>

Der zweite Programmteil vergleicht die beschriebenen Werkstücke bezüglich ihrer geometrischen Verträglichkeiten mit
dem Arbeitsraum und den vorhandenen Werkzeugen. Er überprüft
die Herstellbarkeit jedes einzelnen Formelements, entscheidet anhand der Werkzeugabmessungen, ob tieferliegende Formelemente herstellbar sind, oder ob sie verschmolzen werden
müssen und ersetzt die,infolge einer zu großen Kantenlänge,
nicht herstellbaren Querschnittsformen durch sie umhüllende
Formelemente z. B. ein Quadrat durch ein Achteck. Darüber hinaus werden aus Elementen mit nicht achsparallel verlaufender
Konturlinie (Kegelstumpf) treppenartig aneinander gereihte
Zylinder, wobei deren Abstufung unter den Gesichtspunkten der
Zeit- und Abfallminimierung vorgenommen wird. Bild 26 zeigt

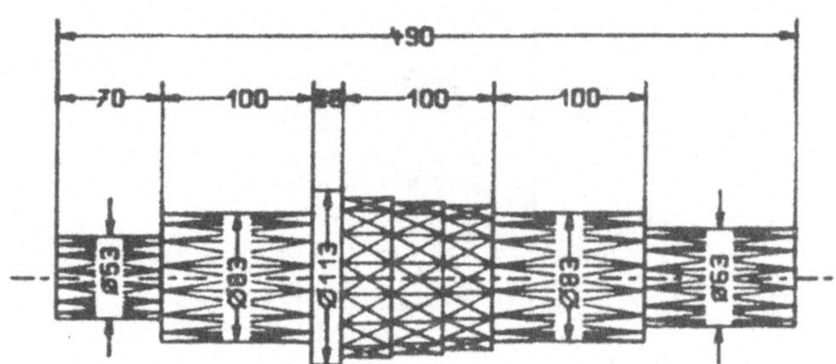

Bild 26: Graphische Darstellung der angepaßten Daten.

die angepaßte Version der in Bild 22 beschriebenen Fertig-
teilwelle.

Rohteilauswahl

Ausgehend von dem im vorhergehenden Programmabschnitt angepaßten Radialumformteil erfolgt nun die Bestimmung des Rohteils. Dazu orientieren sich der Rohteilquerschnitt und dessen
Abmessungen an denen des größten zu fertigenden Formelements,
die Abmessungen des Längsschnitts an der Summe der auf den
Rohteilquerschnitt bezogenen Einzelvolumina.

Bearbeitungsfolge

Nachdem das Werkstück beschrieben, angepaßt und ein entsprechendes Rohteil ermittelt wurde, obliegt es nun diesem Programmteil, die technologische Vorgehensweise zu bestimmen.
Dazu wird die Bearbeitungsfolge derart gewählt, daß das Werkstück schrittweise vom Rohteil bis auf den Enddurchmesser herunter gearbeitet wird. Gemäß dem Umformgrad legt es die radiale Zustellung und die dazugehörige Länge fest, bevor es
durch die vorgegebene Drehbewegung über vier-, acht- und 16-
eck zur Umformung des gesamten Umfangs kommt.

Fertigungsdatenermittlung

Stehen die einzelnen Arbeitsstufen fest, müssen die Anweisungen anhand zahlenmäßig erfaßter Parameterwerte bezüglich
der Maschinenfunktionen dargestellt werden. Aus der bloßen
Abfolge werden also nun konkrete Zahlenwerte für Vorschübe
und Drehungen zur Realisierung des Umformvorgangs erstellt.
Das Programm wählt unter Berücksichtigung von Bißverhältnis
und Durchschmiedung die zu verwendenden Werkzeuge und Vorschübe, legt einen Werkzeugwechsel fest und veranlaßt bei
einer eventuell auftretenden Kollisionsgefahr - sei es durch
einen im Verhältnis zur Werkzeugbreite zu kleinen Werkstück-
durchmesser oder auch bei der Vierkantherstellung - die Weiterbearbeitung mit zwei Werkzeugen.

Bild 27 zeigt am Beispiel der in Bild 26 dargestellten, angepaßten Welle den Ergebnisausdruck von PRORUM mit der Doku-
mentation der Arbeitsablaufplanerstellung.

```
NAME:
DOSTAL

        ROHTEILABMESSUNGEN
    ######RUNDMATERIAL######
    #LAENGE        216.MM#
    #DURCHMESSER    122.MM#
    #########################
    ###################WERKZEUGWECHSEL###################
    #SPEICHERPL.-NR. 3 WZG-LAENGE=70.0 MM WZG-BREITE=60.0 MM#
    #########################
        E I N S T E L L D A T E N  VOR FERTIGUNGSBEGINN
    #########################
    #  ABSTAND (MM)    HUBLAGE (MM)    DREHWINKEL (GRAD) #
    #########################
    #     60.0           56.5              0.0          #
    #########################
              B E A R B E I T U N G S D A T E N
    #########################
FORM-#  LAENGS-     #ANZAHL #LETZTER#DREH- #HUBLAGE#WERKZEUG-#
ELE- #  VORSCHUB    #GANZER #VOR-   #WINKEL#       #KOLLISION#
MENT #  VON #  BIS #VOR-    #SCHUB  #      #       # JA  =1  #
NR.  # (MM) # (MM) #SCHUEBE# (MM)   #(GRAD)# (MM)  # NEIN=0  #
    #########################
     #  60.0   224.1  1*56.0  38.2    0.0    56.5     0.  #
     #  60.0   233.2  1*56.0  47.2   45.0    56.5     0.  #
     #  60.0    79.6   0       0.0   22.5    56.5     0.  #
     #  60.0    80.0   0       0.0   67.5    56.5     0.  #
  3  #########################
     #    FORMELEMENT 4 WIRD IN 1 UMFORMSTUFE(N) BEARBEITET  #
     #  80.0   250.7  1*51.5  49.3    0.0    51.5     0.  #
     #  80.0   265.4  3*38.5   0.0   45.0    51.5     0.  #
     #  80.0   168.8   0      18.9   22.5    51.5     0.  #
     #  80.0   170.7   0      20.7   67.5    51.5     0.  #
     # 113.3   172.5   0       0.0    0.0    49.0     0.  #
     # 113.3   174.5   0       0.0   45.0    49.0     0.  #
     # 113.3   175.6   0       0.0   22.5    49.0     0.  #
     # 113.3   176.7   0       0.0   67.5    49.0     0.  #
     # 176.7   280.3   0      33.6    0.0    49.0     0.  #
     # 176.7   285.2   0      38.6   45.0    49.0     0.  #
     # 146.6   177.7   0       0.0    0.0    46.5     0.  #
     # 146.6   178.8   0       0.0   45.0    46.5     0.  #
     # 146.6   179.4   0       0.0   22.5    46.5     0.  #
     # 146.6   180.0   0       0.0   67.5    46.5     0.  #
     # 180.0   294.8   0      44.8    0.0    46.5     0.  #
     # 180.0   300.5  1*50.6   0.0   45.0    46.5     0.  #
  4  KEGEL
     #    FORMELEMENT 5 WIRD IN 1 UMFORMSTUFE(N) BEARBEITET  #
     ##############WERKZEUGWECHSEL##############
     #SPEICHERPL.-NR. 4 WZG-LAENGE=50.0 MM WZG-BREITE=50.0 MM#
     #########################
     # 180.0   317.2  3*29.1   0.0    0.0    41.5     0.  #
     # 180.0   331.3  2*40.0  21.4   45.0    41.5     0.  #
     # 180.0   277.9  2*24.0   0.0   22.5    41.5     0.  #


     # 180.0   280.0  2*25.0   0.0   67.5    41.5     0.  #
  5  #########################
     #    FORMELEMENT 6 WIRD IN 2 UMFORMSTUFE(N) BEARBEITET  #
     # 280.0   351.0   0      21.0    0.0    34.0     0.  #
     # 280.0   362.5   0      32.5   45.0    34.0     0.  #
     # 280.0   369.6  1*39.7   0.0    0.0    31.5     0.  #
     # 280.0   376.0  2*23.0   0.0   45.0    31.5     0.  #
     # 280.0   377.9  1*31.5  16.5   22.5    31.5     0.  #
     # 280.0   380.0  1*31.5  18.5   67.5    31.5     0.  #
  6  #########################
     #############WERKSTUECK WIRD GEWENDET#############
     #############WERKZEUGWECHSEL#############
     #SPEICHERPL.-NR. 3 WZG-LAENGE=70.0 MM WZG-BREITE=60.0 MM#
     #########################
       E I N S T E L L D A T E N  NACH WENDEN DES WERKSTUECKS
     #########################
     #  ABSTAND (MM)    HUBLAGE (MM)    DREHWINKEL (GRAD) #
     #########################
     #     320.0           56.5              0.0          #
     #########################
              B E A R B E I T U N G S D A T E N
     #########################
FORM-#  LAENGS-     #ANZAHL #LETZTER#DREH- #HUBLAGE#WERKZEUG-#
ELE- #  VORSCHUB    #GANZER #VOR-   #WINKEL#       #KOLLISION#
MENT #  VON #  BIS #VOR-    #SCHUB  #      #       # JA  =1  #
NR.  # (MM) # (MM) #SCHUEBE# (MM)   #(GRAD)# (MM)  # NEIN=0  #
     #########################
     # 320.0   383.1   0       0.0    0.0    56.5     0.  #
     # 320.0   386.6   0       0.0   45.0    56.5     0.  #
     #    FORMELEMENT 5 WIRD IN 2 UMFORMSTUFE(N) BEARBEITET  #
     # 320.0   405.5   0      15.5    0.0    46.3     0.  #
     # 320.0   419.4   0      29.4   45.0    46.3     0.  #
     ##############WERKZEUGWECHSEL##############
     #SPEICHERPL.-NR. 4 WZG-LAENGE=50.0 MM WZG-BREITE=50.0 MM#
     #########################
     # 320.0   432.4  1*40.0  22.4    0.0    41.5     0.  #
     # 320.0   443.5  1*40.0  33.5   45.0    41.5     0.  #
     # 320.0   418.0  2*24.0   0.0   22.5    41.5     0.  #
     # 320.0   420.0  2*25.0   0.0   67.5    41.5     0.  #
  2  #########################
     #    FORMELEMENT 6 WIRD IN 3 UMFORMSTUFE(N) BEARBEITET  #
     # 420.0   455.2   0       0.0    0.0    34.0     0.  #
     # 420.0   460.9   0       0.0   45.0    34.0     0.  #
     ##############WERKZEUGWECHSEL##############
     #SPEICHERPL.-NR. 2 WZG-LAENGE=32.0 MM WZG-BREITE=70.0 MM#
     #########################
     # 420.0   472.5   0      20.5    0.0    27.8     1.  #
     # 420.0   481.0  2*14.5   0.0   45.0    27.8     1.  #
     # 420.0   484.2  2*16.1   0.0    0.0    26.5     1.  #
     # 420.0   487.2  2*17.6   0.0   45.0    26.5     1.  #
     # 420.0   488.6  2*18.3   0.0   22.5    26.5     1.  #
     # 420.0   490.0  2*19.0   0.0   67.5    26.5     1.  #
  1  #########################
STOP --
```

Bild 27: Arbeitsablauf mit Fertigungsdatenermittlung.

        Erweiterung von PRORUM

Die Optimierung eines Fertigungsvorgangs erfordert die wirtschaftliche Überprüfung aller beteiligten Faktoren. Sie erfordert Entscheidungshilfen, die neben der Einzeloptimierung
der Verfahren auch deren wirtschaftlichstes Zusammenwirken
gestatten. Für die Bewältigung derartiger Aufgabenstellungen
muß PRORUM zusätzlich zu dem in Kapitel 5 vorgestellten Programmumfang mit folgenden Leistungen ausgestattet werden:
PRORUM muß zukünftig in der Lage sein, für radialumgeformte
Werkstücke die Vorgabezeiten zu berechnen und zur Kostenkalkulation vorzubereiten. Weiter muß es, gemäß der Zielsetzung:
"soweit umformen, daß ein wirtschaftliches Optimum im Gesamt-
ablauf erreicht wird", sämtliche technologisch sinnvollen
Verfahrensschnittstellen ermitteln, von denen jede für sich
eine Zwischenform charakterisiert, bis zu welcher umgeformt,
bzw. ab welcher gedreht werden kann. Darüber hinaus sollen
durch eine kritische Betrachtungsweise des Fertigungsablaufs
Vorschläge zur Verfahrensoptimierung erarbeitet werden. An-
satzpunkte hierzu sind: Verkürzung der Bearbeitungszeit beim
teilweisen Übergang von Sechzehn- auf Achtkantfertigung, vol-
le Ausnutzung des maximalen Umformgrads bei allen radialen Zustellungen sowie die Orientierung des Rohteildurchmessers am
größten Formelementdurchmesser.

6.1   Vorgabezeit und Kostenkalkulation beim Radialumformen

Die zahlenmäßige Erfassung des betrieblichen Leistungsprozes-
ses erfolgt üblicherweise mit Hilfe der Kostenrechnung, wobei
diese zukunfts- (Vorkalkulation zur Preisfindung bei der
Angebotsbearbeitung) oder vergangenheitsorientiert (Nachkal-
kulation zur Preiskontrolle) sein kann. Die Kostenrechnung
hat die Aufgabe, entstandene Kosten - definitionsgemäß: be-
werteter Verzehr an Gütern und Dienstleistungen [50] - verur-
sachungsgerecht auf die Kostenträger (Erzeugnis) zu verteilen.
Sie untersucht dazu die Art der Kosten und rechnet diese direkt, wie Löhne und Material, oder indirekt über Gemeinkostenanteile und Kostenstellen (Gehälter, Mieten usw.) dem Verursa-

cher zu. Die verschiedenen Strategien zur Ermittlung der
Kosten werden in der Literatur mehrfach aufgezeigt [50, 51,
52], so daß hier nicht näher darauf eingegangen werden muß.
Für die Berechnung der Herstellkosten beim Radialumformen soll
in dieser Arbeit das in der VDI-Richtlinie 3258 [53] vorge-
schlagene Schema zur Berechnung der Kosten anhand von Maschinenstundensätzen herangezogen werden. Diese besondere Art der
Kostenstellenrechnung hat den Vorteil, die Kosten bis hin zur
einzelnen Maschine, Maschinengruppe oder zum Arbeitsplatz zu
differenzieren, was einerseits eine große Genauigkeit bei der
Verrechnung, andererseits aber auch einen erhöhten Aufwand mit
sich bringt. Die Berechnung anhand von Maschinenstundensätzen
wurde vor allem auch deshalb gewählt, weil sich die Kosten bei
einer Verfahrensverknüpfung bzw. beim Vergleich alternativer
Bearbeitungsverfahren im wesentlichen nur innerhalb der
verfahrensbezogenen Kosten unterscheiden und es sich zudem bei
einem flexiblen Fertigungssystem um eine personalarme aber
investitionsintensive Fertigung handelt, die beim normalen
Zuschlagverfahren zu niedrig belastet würde. Die Herstellkosten setzen sich dabei aus den in Bild 28 dargestellten

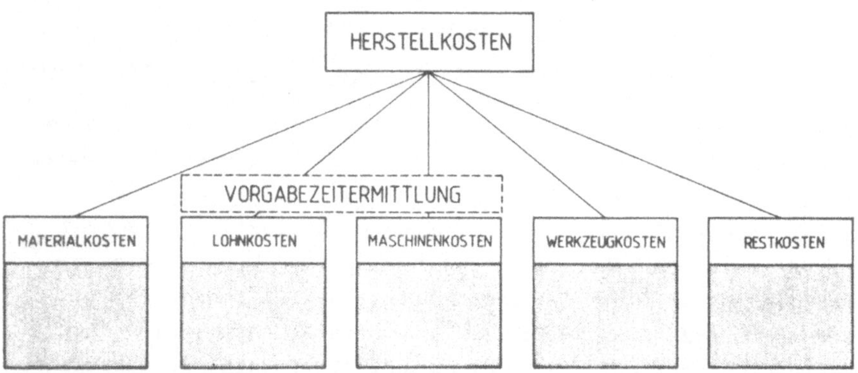

Bild 28: Zusammensetzung der Herstellkosten.

Kostenanteilen zusammen, die im folgenden näher betrachtet werden sollen.

6.1.1   Material- und Energiekosten

Die Materialkosten gehen als Fertigungsmaterialkosten direkt
und als Materialgemeinkosten indirekt in das Produkt ein. Ge-
rade bei der Verknüpfung eines spanenden mit einem spanlosen
Verfahren stellt der Werkstoffpreis ein wichtiges Kriterium
bei der Festlegung der Verfahrensschnittstelle dar. Für seine
mengenmäßige Erfassung ermöglicht PRORUM einen einfachen Zu-
griff auf die berechnete Rohteilgeometrie.

Die Umformtechnik zeichnet sich nicht zuletzt durch einen
sehr geringen Werkstoffeinsatz aus. Demgegenüber entstehen
aber zusätzliche Kosten in Form eines höheren Energieverbrauchs. Zum einen rührt dieser von eventuellen Werkstofferr-
wärmungskosten, die sich entsprechend der Masse und der Tem-
peratur ergeben, zum anderen von den höheren Energiekosten der
Umformverfahren selbst her.

Einer Untersuchung über Energieeinsparung und Fertigungstechnik [54] zufolge, benötigt die Warmumformung, verglichen
mit der spanenden Formgebung, etwa die 4-fache absolut aufzu-
wendende Energie. Gemessen an dem Energieaufwand, der für die
Materialerzeugung (Stahl) eingesetzt wird und etwa 80 Mal so
hoch ist wie der der spanenden Verarbeitung (bei Berücksichtigung der Energieeinsparung durch Abfallwiederverwendung
noch 60 Mal), erscheint der Mehraufwand für die Warmumformung
allerdings verschwindend gering. So entsprechen 5 % Werkstoffeinsparung einem Senken des betrieblichen Energieverbrauchs
um ca. 50 %. In Bild 29 ist der Energiebedarf verschiedener
Bearbeitungsalternativen dem Energiebedarf der Halbzeuggewin-
nung gegenübergestellt. Demzufolge ist zu erwarten, daß die
Herstellkosten durch die verfahrensbedingten Energiekosten-
unterschiede nur sehr geringfügig beeinflußt werden und sich
im Rahmen einer Vorkalkulation nicht sonderlich bemerkbar
machen.

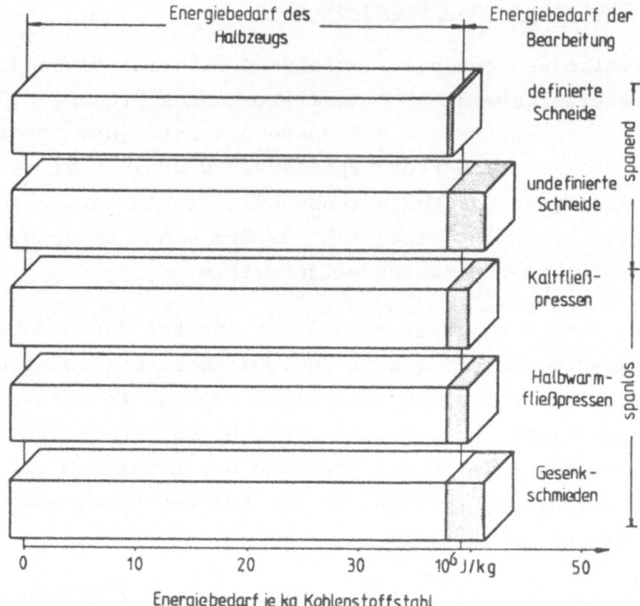

Bild 29: Energiebedarf zur Werkstückherstellung nach [54].

6.1.2 Vorgabezeitermittlung

Wie bereits angedeutet, besteht die Aufgabe der Kostenrechnung
in der verursachungsgerechten Verteilung der Kosten. Während
die Zuordnung der einzelnen Durchlaufposten (Werkstoff, Werkzeug usw.) bzw. deren Gemeinkostenanteile relativ einfach vorgenommen werden kann, erfordert die Erfassung der zeitlichen
Inanspruchnahme von Mensch und Maschine und somit auch die
Berechnung der Lohn- und Maschinenkosten die mehr oder weniger
genaue Kenntnis der Zeit, die die direkte Bearbeitung in An-
spruch nimmt.

Die moderne Zeitkalkulation bedient sich im wesentlichen der
Verfahren:

      REFA (Verband für Arbeitsstudien und Betriebsorgani-
      sation
      MTM (Methods - Time Measurement)

WF (Work-Faktor),

wobei den beiden letztgenannten gemeinsam ist, daß sie die menschlichen Bewegungen in Grundbewegungen aufgliedern und sich demzufolge nicht für die Zeitermittlung einer Bearbeitungseinheit in einem personalarmen, von manuellen Tätigkeiten weitgehend losgelösten flexiblen Fertigungssystem eignen. Für die darüber hinaus existierenden Möglichkeiten der Vorgabezeitermittlung und deren Genauigkeitsstufen sei auf die Literaturstellen [51] und [52] verwiesen.

Die Gliederung der Auftragszeit nach REFA ist in Bild 30 dargestellt. Dabei stellt die Auftragszeit T die Vorgabezeit

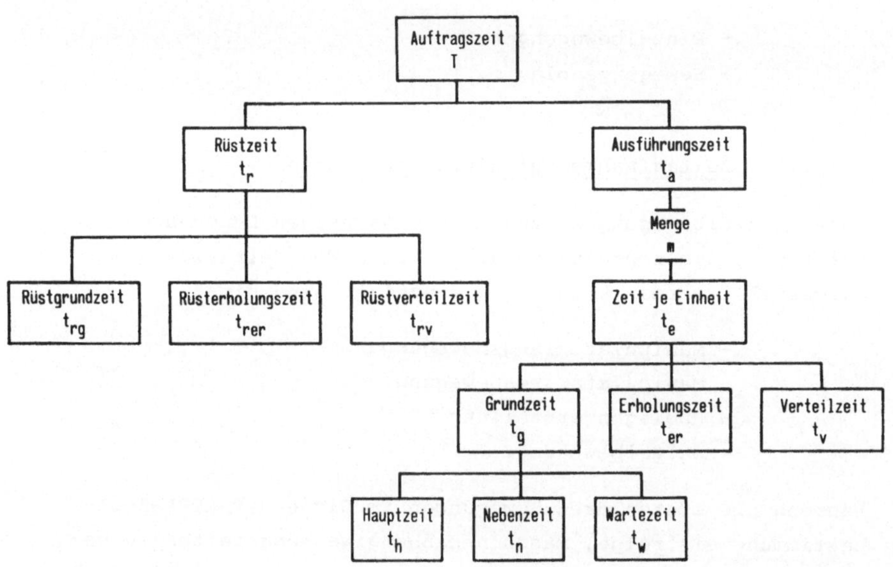

Bild 30: Gliederung der Vorgabezeit nach [52].

für die Erledigung eines Auftrags durch die damit beauftragte Arbeitsperson dar. Die Belegungszeit ist die der Auftragszeit entsprechende, aus der Sicht des Betriebsmittels gesehene Zeit. Die Auftragszeit berechnet sich aus den Zeitanteilen:

Haupt-, Neben- und Rüstzeit und entsprechenden prozentualen
Zuschlägen für Verteil- und Erholzeiten.

Die Ermittlung der Vorgabezeit beim Radialumformen erfolgt
auf der Grundlage der REFA-Zeitbestimmung. Zu diesem Zweck
wurde die Kinematik der Radialumformmaschine in einzelne Bewegungsfunktionen untergliedert, die mit entsprechenden Zeitanteilen versehen die Grundlage für den maschinenbedingten
Teil der Vorgabezeit bilden. Dazu sind zunächst die Weg-Zeit-
Abhängigkeiten der jeweiligen Bewegungsfunktionen zu ermitteln,
bevor über die Analyse der Arbeitsanweisungen des Arbeitsplans
die Vorgabezeit ermittelt werden kann. Bezüglich der Zeitbestimmung lassen sich die Bewegungsfunktionen in zwei Gruppen
einteilen:

- Einzelbewegungen
- Bewegungsabläufe.

6.1.2.1 Zeitaufnahme für Einzelbewegungen

Unter Einzelbewegungen sind alle einachsigen Bewegungen zu
verstehen, die reproduzierbar in einem Weg-Zeit-Diagramm
dargestellt werden können. Im einzelnen sind dies:

- Manipulatorlängsbewegung
- Manipulatordrehbewegung
- Hublagenverstellung
- Stößelbewegung.

Während die ersten drei Bewegungen im Sinne der REFA-Zeitbestimmung als reine, maschinenabhängige Nebenzeiten zu be-
zeichnen sind, setzt sich die Stößelbewegung aus einer Kombination von Haupt- und Nebenzeiten zusammen. Die eigentliche
Zeitaufnahme erfolgt mit Hilfe des zur Steuerung der Radialumformmaschine eingesetzten Echtzeit-Rechners (Prozeßrechner). Dieser zeichnet die Ist-Weg-Signale der jeweiligen
Bewegungen über der Zeit auf und ermöglicht so eine sehr genaue Zuordnung. Bild 31 zeigt eine derartige Zeitaufnahme am
Beispiel der Stößelbewegung. Hieraus ist ersichtlich, daß die

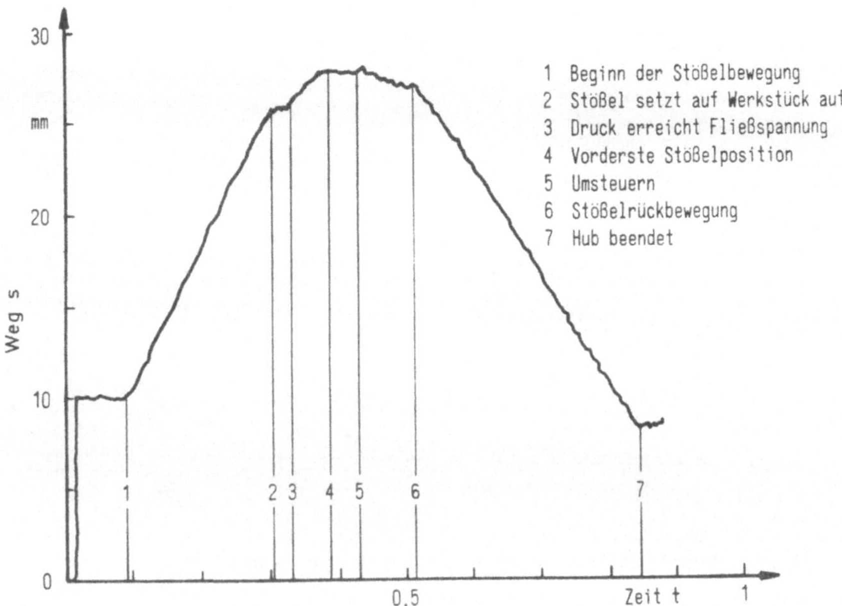

Bild 31: Weg-Zeit-Verlauf der Stößelbewegung.

anteiligen Bewegungen, wie Stößelvorwärtsbewegung (Bereich
1 - 2), Umformung (Bereich 3 - 4) und Stößelrücklauf (Bereich
6 - 7) mit sehr guter Näherung als Regressionsgeraden in die
Zeitberechnung eingehen können. Die Totzeit vor dem Wirkhub
(Bereich 2 - 3) wurde aufgrund der Leistungsregelung der
Hydraulikpumpe als konstant für jeden Arbeitshub, unabhängig
von der bearbeiteten Fläche und dem zu bearbeitenden Werkstoff, angenommen. Entsprechendes gilt auch für die Umsteuer-
bereiche 7 - 1 und 5 - 6. In den Bildern 32, 33 und 34 sind
die Regressionsgeraden aller Einzelbewegungen dargestellt.

6.1.2.2 Zeitaufnahme für Bewegungsabläufe

Unter Bewegungsablauf ist eine fest umrissene, unbeeinflußba-
re Folge von Bewegungen zu verstehen, die nur als geschlossene Einheit zum Einsatz kommt. Beispiele hierzu sind das Anfah-

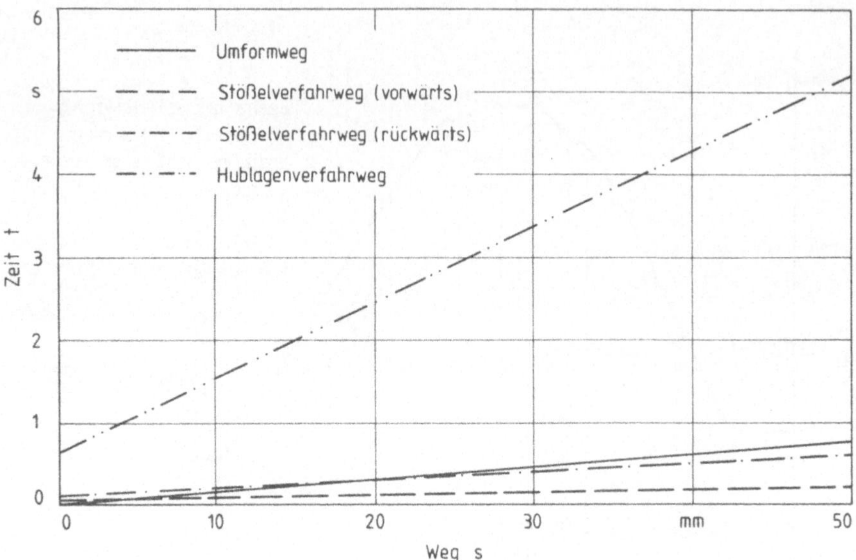

Bild 32: Weg-Zeit-Verläufe verschiedener Bewegungen.

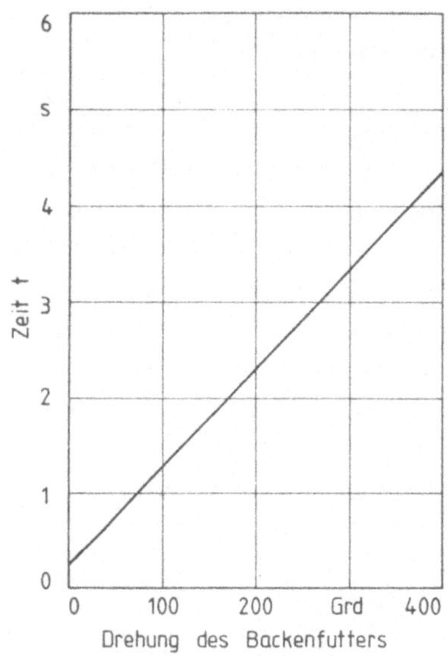

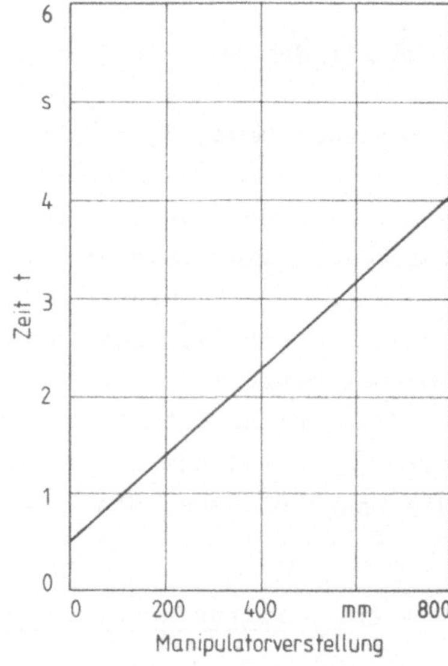

Bild 33: Drehwinkel-Zeit-
Verlauf des Backen-
futters.

Bild 34: Weg-Zeit-Verlauf des
Manipulators.

ren der Referenzpunkte mit Referenzhub und Hublagenkorrektur (Initialisierung), das Rückfahren des Systems in die Endstellung und der Werkzeugwechsel. Diese Art von Bewegungsfunktionen wird mit konventionellen Zeitaufnahmen in Form von Durchschnittswerten aus einer Folge von Messungen ermittelt und pauschal der Zeitrechnung zugeschlagen.

6.1.2.3 Sonstige Zeiten

Die verbleibenden Zeitanteile, wie Beladen, Wenden und Entladen lassen sich noch nicht genau ermitteln, da die momentane Ausbaustufe noch keine automatischen Zuführ- und Handhabungseinrichtungen umfaßt. Sie sind aber mit denen des Drehens vergleichbar und können somit aus DREKAL übernommen werden.

Die Rüstzeiten fließen bei einem automatischen Fertigungsablauf, wie er in flexiblen Fertigungssystemen gegeben ist, größtenteils in die formelmäßige Zeitbestimmung ein. Typische Rüstaufgaben, wie Empfangen und Lesen der Arbeitspapiere, Maschine aufrüsten usw., übernehmen dabei die zeitlich klar erfaßbaren Systembereiche integrierte Fertigungsunterlagenerstellung, automatischer Werkzeugwechsel usw..

6.1.2.4 Analyse des Arbeitsablaufplans

Der in PRORUM erstellte Arbeitsablaufplan hat zunächst die Aufgabe, den Arbeitsablauf so zu beschreiben, daß die Radialumformmaschine die Fertigungsaufgabe im Sinne der Arbeitsvorbereitung bewältigen kann. Darüber hinaus ist er das wichtigste Hilfsmittel bei der Berechnung der Vorgabezeiten und Kosten, da allein er sämtliche Angaben über Größe und Anzahl der einzelnen Bewegungsfunktionen enthält. Diese müssen nun auf ihre Zugehörigkeit zu den verschiedenen Bewegungen untersucht, mit entsprechenden Zeitfaktoren versehen und zur Vorgabezeit aufsummiert werden. Bild 35 zeigt die rechnerinterne Darstellung des Arbeitsablaufplans. Die Wortfolge ist dabei fest vorgegeben, die Zeilenfolge wird je nach Aufgabe entsprechend

WORT 1	WORT 2	WORT 3	WORT 4	WORT 5	WORT 6	WORT 7	WORT 8
Linke Bearbeitungsgrenze	aktuelle Werkzeuglänge	Rohteildurchmesser	Rohteillänge		Werkzeughublage		2 Einstellen
Linke Bearbeitungsgrenze	Berechnete Vorschublänge	Anzahl der ganzen Vorschübe	Länge des Restvorschubes	Drehwinkel des Spannfutters	Werkzeughublage	Kollisionsindex	0 Bearbeiten
Nummer des Werkzeugspeichers	aktuelle Werkzeuglänge						3 Werkzeugwechsel
							1 Wenden

WORT 1	WORT 2	WORT 3	WORT 4	WORT 5	WORT 6	WORT 7	WORT 8
FINI							Fertig
4.00	60.00	0.00	0.00	0.00	0.00	0.00	3
215.53	60.00	122.31	332.61	0.00	56.50	0.00	2
215.53	31.61	2.00	0.00	0.00	56.50	0.00	0
215.53	35.02	2.00	0.00	45.00	56.50	0.00	0
215.53	28.79	2.00	0.00	22.50	56.50	0.00	0
215.53	30.00	2.00	0.00	67.50	56.50	0.00	0
335.53	46.26	0.00	0.00	0.00	46.26	0.00	0
335.53	46.26	0.00	0.00	45.00	46.26	0.00	0
335.53	37.87	0.00	0.00	0.00	37.87	0.00	0
335.53	37.87	0.00	0.00	45.00	37.87	0.00	0
1.00	35.00	0.00	0.00	0.00	0.00	0.00	3
335.53	28.00	0.00	7.25	0.00	31.01	1.00	0
335.53	28.00	0.00	14.10	45.00	31.01	1.00	0
335.53	26.50	0.00	24.22	0.00	34.50	1.00	0
335.53	16.12	2.00	0.00				0
335.53	16.79	2.00	0.00				0
335.53	17.50	2.00	0.00				0
0.00	0.00	0.00	0.00				1
4.00	60.00	0.00	0.00				3
190.00	60.00	122.31	332.61				2
190.00	41.71	4.00	0.00	0.00	56.50	0.00	0
190.00	48.00	3.00	35.39	45.00	56.50	0.00	0

Ausschnitt aus einem Arbeitsplan

Bearbeiten · Werkzeugwechsel · Wenden · Einstellen

Bild 35: Rechnerinterne Darstellung der Fertigungsdaten.

Wort 8 variiert. Demnach beginnt ein Arbeitsplan in aller Regel mit einem Einstell- bzw. einem Werkzeugwechsel- und einem Einstellschritt (Wort 8 = 2 oder 3) dem oder denen dann ein oder mehrere Bearbeitungsschritte (Wort 8 = 0) folgen, bis ebenfalls mit der Spalte 8 das Wenden oder die Fertigstellung des Werkstücks angezeigt wird. Aus diesem wortstrukturierten Beschreibungsschema werden nun die zeitverursachenden Größen mit Hilfe eines Rechenprogramms herausgesucht und den verschiedenen Zeitgruppen zugeteilt.

6.1.2.5 Rechenprogramm zur Zeitermittlung

Der Aufbau des Programms PROCAL zur Berechnung der Vorgabezeit soll anhand des in Bild 36 dargestellten Grobflußdiagramms erläutert werden. Nach dem Einlesen der Betriebs- und
Fertigungsdaten identifiziert und analysiert PROCAL nachein-

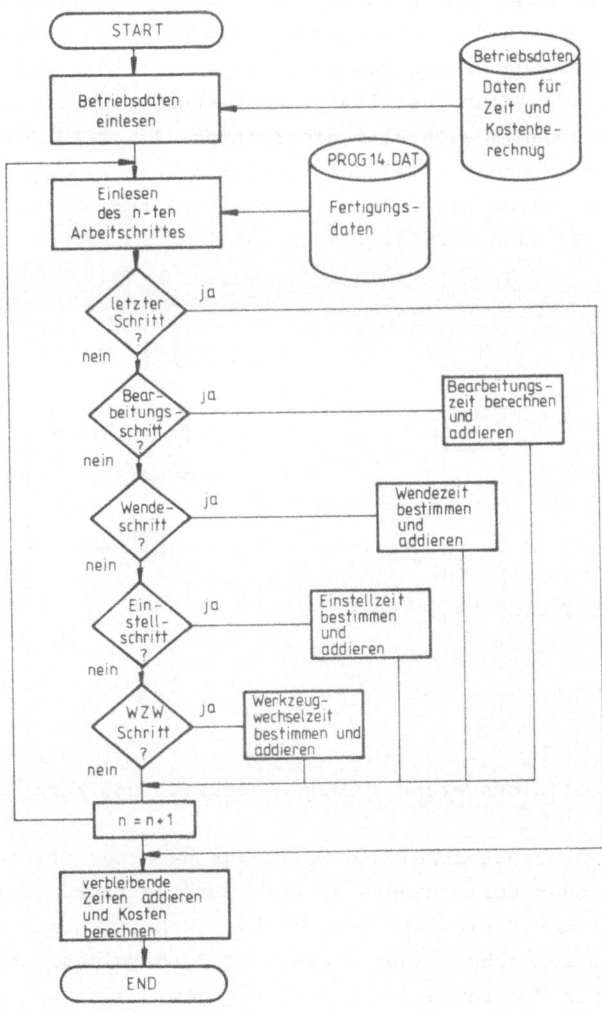

Bild 36: Grobflußdiagramm Programm PROCAL.

ander die einzelnen Zeilen des rechnerinternen Arbeitsplans
und verteilt sie zur Zeitberechnung an die jeweiligen Unterprogramme. Handelt es sich dabei um einen Bewegungsablauf,
müssen zu den konstanten Zeitfaktoren noch die Zeitanteile
berechnet werden, die diesen Vorgang vorbereiten bzw. ab-
schließen. Das können zum einen das Anfahren bestimmter Posi-
tionen (Werkzeugwechselposition) und deren anschließende
Rückversetzung in den Ausgangszustand oder die vorbereitenden
Maßnahmen für den ersten Bearbeitungsschritt nach der Initialisierung (Hublageneinstellung, Korrekturhub) sein. Zum anderen sollen damit auch alle die Zeitanteile erfaßt werden,
die dadurch entstehen, daß infolge einer Kollosionsgefahr Zu-
satzwege zu fahren sind, die der Arbeitsplan nicht beinhaltet.
Das ist z. B. dann der Fall, wenn wie in Bild 37 bei einem an-

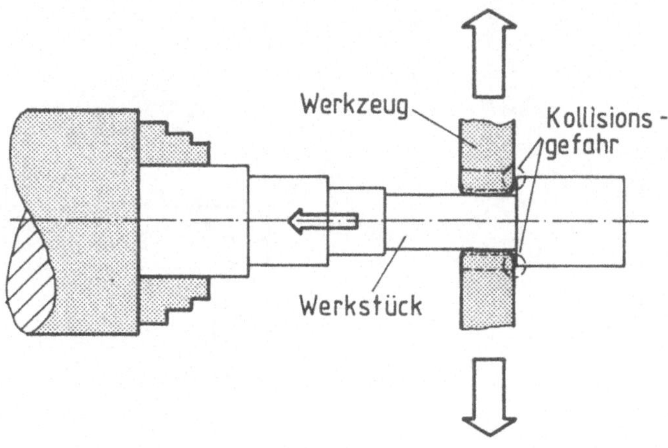

Bild 37: Kollisionsgefahr zwischen Werkzeug und Werkstück.

stehenden Werkzeugwechsel die Werkzeuge nach der Bearbeitung
tieferliegender Formelemente so weit zurückgefahren werden
müssen, daß der Manipulator das Werkstück kollisionsfrei aus
dem Arbeitsraum nehmen kann. Derartige Berücksichtigungen er-
fordern einen Programmaufbau, der, nachdem die eingelesenen
Arbeitsstufen abgearbeitet sind, sofort anhand deren Fertigungsdaten das rechnerintern mitgeführte Werkstückmodell ak-

tualisiert und somit jederzeit einen Geometrieabgleich ermöglicht. Handelt es sich dagegen um die Berechnung des eigentlichen Bearbeitungsschritts (Wort 8 = 0), erfordert dies die Zerlegung des gesamten Vorgangs bis in kleinste Teilbewegungen. Entsprechend der Art ihrer momentanen Aufgabenstellung übernehmen dann die Unterprogramme BISSZEIT und ZWISCHENZEIT deren Zeitzuordnung. BISSZEIT berechnet dabei die Zeiten, die gekoppelt mit dem Arbeitshub auftreten, und ZWISCHENZEIT die, die sich vorbereitend, wie Einstellen des Drehwinkels, Einstellen der Hublage usw. auf den Vorgang auswirken (Bild 38).

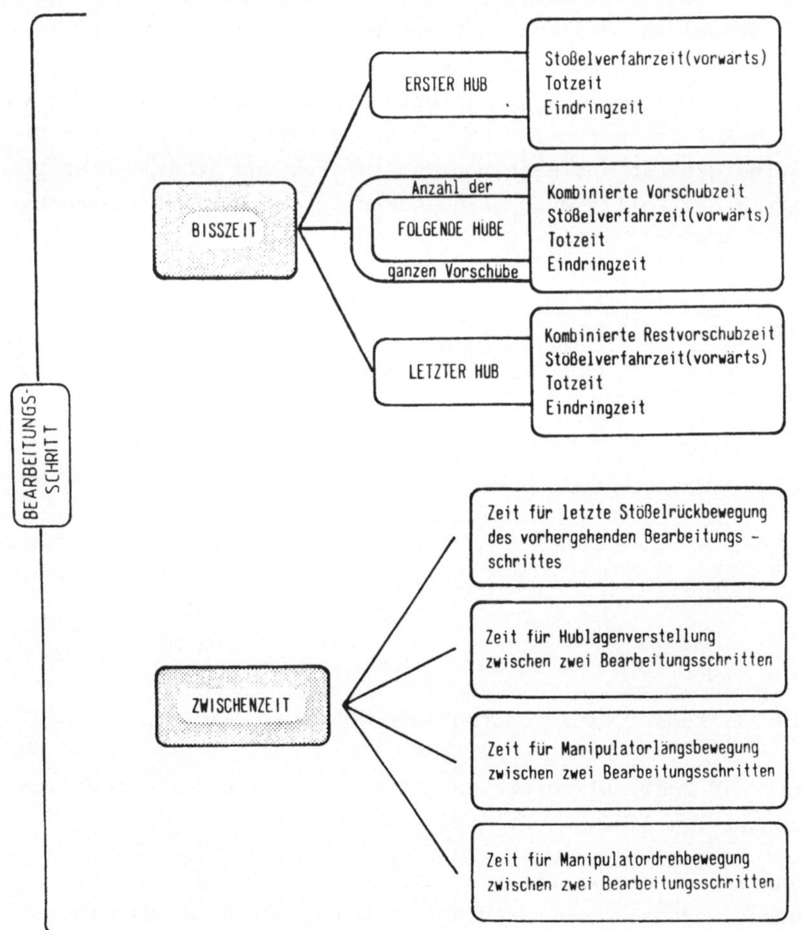

Bild 38: Zerlegung eines Bearbeitungsschritts.

Die Summe beider Zeitanteile ergibt dann die Zeit für eben
diesen Bearbeitungsschritt.

Ebenso wie bei der bereits angesprochenen Kollisionsgefahr
müssen auch innerhalb des Bearbeitungsschritts steuerungstech-
nische Gegebenheiten berücksichtigt werden, die der Arbeitsplan nicht dokumentiert, die aber dennoch die Vorgabezeit
wesentlich beeinflussen. Dieser Tatbestand ist durch die teilweise zeitlich parallele Bewegung von Manipulator und Stößel
gegeben, bei der die Manipulatorvorschubbewegung bereits während der Stößelrückbewegung einsetzt. Einschränkend muß noch
erwähnt werden, daß aus Sicherheitsgründen die Manipulatorbe-
wegung erst nach der Stößelbewegung eingeleitet werden darf.
Zur Bestimmung dieser kombinierten Vorschubzeit müssen die Lage des Kollisionspunktes berechnet, die unterschiedlichen Ge-
schwindigkeiten und Wege von Manipulator und Stößel unter Be-
achtung des Kollisionspunktes entsprechend Bild 39 zusammenge-

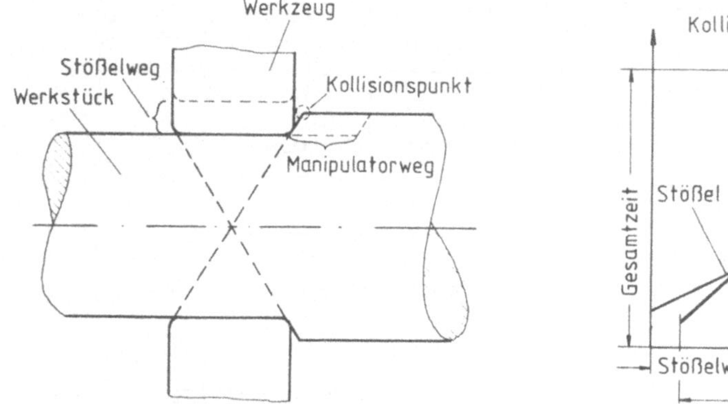

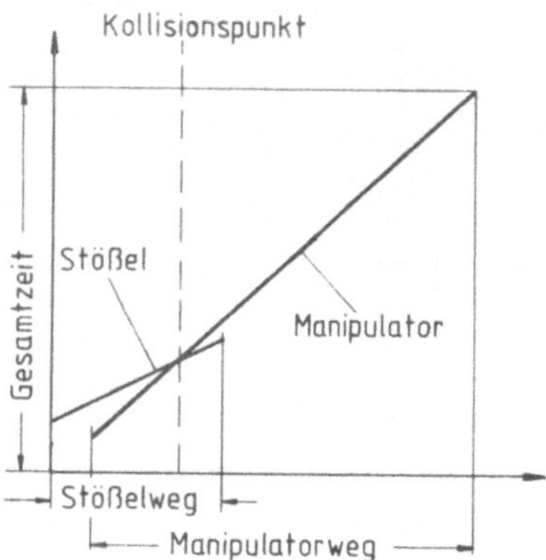

Bild 39: Kombinierte Vorschubzeit von Manipulator und Stößel.

setzt und schließlich die Gesamtzeit dieser Parallelbewegung
ermittelt werden.

Signalisiert der Arbeitsplan die Fertigstellung des Werkstücks, werden die aus den Zeilen berechneten Einzelzeiten
aufsummiert und die Vorgabezeitermittlung ist beendet.

6.1.3 Lohnkosten

Auf die verschiedenen Formen der Entlohnung bzw. deren Berechnung soll im Rahmen dieser Arbeit nicht näher eingegangen werden, da in einem derartig hochautomatisierten Fertigungsprozeß, wie er durch das flexible Fertigungssystem gegeben ist, in aller Regel keine spezielle Maschinenbedienperson sondern nur noch eine Aufsichtsperson für die Betreuung und Wartung mehrerer Stationen zuständig ist, deren Entlohnung dann in Gestalt von Gemeinkostenzuschlägen auf den Kostenträger verrechnet wird. Die Lohnkosten haben demzufolge keinen Einfluß auf die Verfahrensschnittstelle und können somit im Rahmen dieser Arbeit unberücksichtigt bleiben.

6.1.4 Maschinenkosten

Zur Berechnung des Maschinenstundensatzes müssen nach [53] folgende Kostenanteile ermittelt werden:

- Kalkulatorische Abschreibung K_A
- Kalkulatorische Zinsen K_Z
- Raumkosten K_R
- Energiekosten K_E
- Instandhaltungskosten K_I.

Während sich die Energie- und Raumkosten unabhängig von der Höhe des Gesamtanschaffungswerts bestimmen lassen, ist dieser für die übrigen Kostenpunkte von entscheidender Bedeutung. Seine Ermittlung ist vor allem dadurch gekennzeichnet, daß die Kosten für Entwicklung, Konstruktion und Anschaffung zu unterschiedlichen Zeiten, zwischen 1976 und 1979, anfielen und mit Hilfe der vom statistischen Bundesamt Wiesbaden zur Verfügung gestellten Umrechnungsindizes zur Ermittlung der Wiederbeschaffungswerte [55] an das angenommene Beschaffungsjahr 1981 angeglichen werden mußten. Die Entwicklungs- und Konstruktionskosten wurden auf zehn Maschinen umgelegt und der Prozeßrechner durch eine Mikroprozessor-Steuerung ersetzt.

Entsprechend der betriebsüblichen, jährlichen Nutzungszeit T_N

ergeben sich die Maschinenstundenkosten K_{MH} nach der Beziehung:

$$K_{MH} = \frac{K_A + K_Z + K_R + K_E + K_I}{T_N}$$

je nach Schichtbetrieb zu:

Maschinenstundensatz der Radialumformmaschine		
1-Schichtbetrieb	2-Schichtbetrieb	3-Schichtbetrieb
K_{MH} = 155,76 DM/h	K_{MH} = 101,04 DM/h	K_{MH} = 96,93 DM/h

(Detailliertere Angaben zur Berechnung des Maschinenstundensatzes befinden sich im Anhang A 1.)

Verglichen mit den Maschinenstundenkosten einer vom Anwendungsgebiet her gleichwertigen CNC-Drehmaschine zeigt dies, daß sich die Maschinenkosten der Radialumformmaschine gegenüber einer Drehmaschine wie 3:1 verhalten. Demzufolge muß der zusätzliche Aufwand durch Radialumformen der Kosteneinsparung durch Werkstoffeinsparung gegenübergestellt werden.

Faktisch bedeutet dies, daß z. B. die Werkstoffkosteneinsparung von DM 80,-- (Welle im vorgenannten Geometriebereich: 135 mm Durchmesser, 750 mm Länge, 40 % Abfallvolumen, mittlerer Stahlkilopreis DM 2,50, 2-Schichtbetrieb) einer 50-minütigen Bearbeitungszeit durch das Radialumformen entspricht. Selbst bei der kleinst möglichen, radialumformend herstellbaren Welle resultieren aus der Werkstoffeinsparung immer noch zwei Minuten Bearbeitungszeit. In Bild 40 sind die eingesparten Werkstoffkosten als Maschinenkosten in Abhängigkeit von Stahlpreis und Rohteilvolumen aufgetragen.

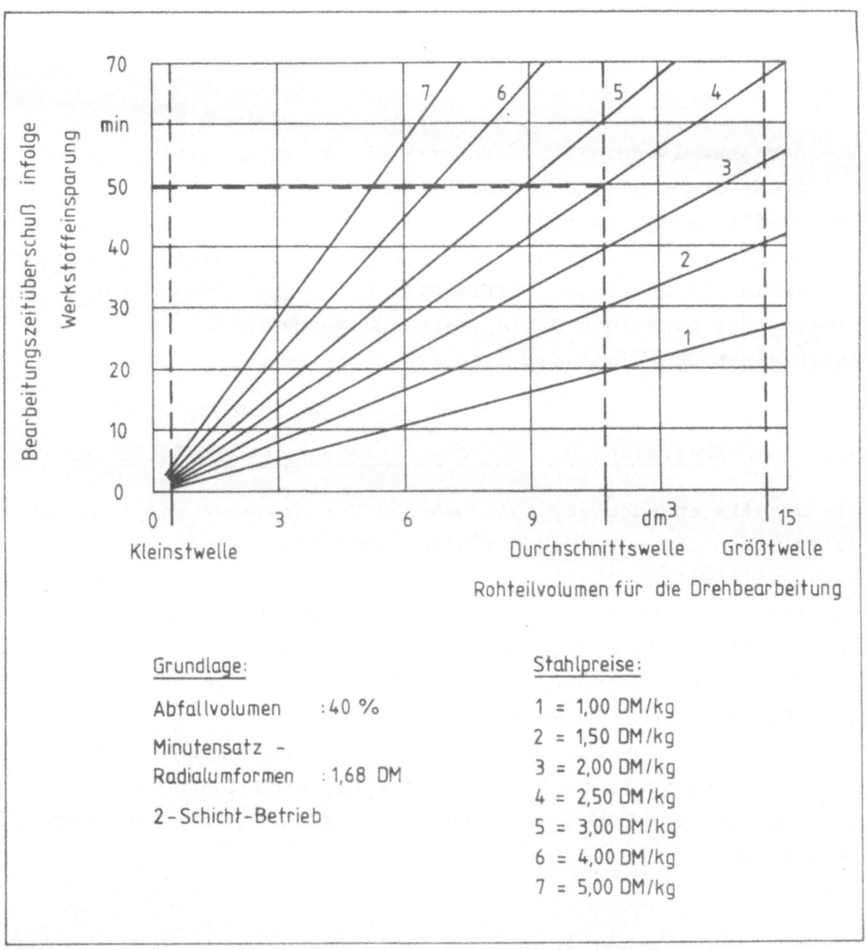

Bild 40: Durch Umformen eingesparte Werkstoffkosten, die als
Maschinenkosten zur Verfügung stehen.

6.1.5 Sonstige Kosten

Die verbleibenden, ebenfalls zu den Herstellkosten zählenden
Kostenanteile sind im Falle der Werkzeugkosten, da sie prak-
tisch keinem Verschleiß unterliegen, in den Anschaffungskosten
berücksichtigt, und im Falle der Restkosten fließen sie über

die Gemeinkostenanteile dem Kostenträger zu.

6.1.6   Betriebsdaten

Die Bereitstellung aller zur Zeit- und Kostenberechnung benötigten Daten, wie Geradengleichungen der Einzelbewegungen,
Zeiten für Bewegungsabläufe, Erhol- und Verteilzeitzuschläge,
Maschinenstundensätze, Werkstoffpreise usw. erfolgt mit Hilfe
des Permanentdatenfiles BETRIB.DAT. Die Wartung und Aktuali-
sierung der einzelnen Daten,insbesondere das Ändern von Zeiten
und Preisen übernimmt das dazu erstellte Programm SERVIC.

6.2   Ermittlung der Zwischenformen beim Radialumformen

Wie bereits angedeutet, soll bei der Verfahrensverknüpfung ein
Werkstück nicht soweit wie möglich umgeformt werden, sondern
nur soweit,wie es für die optimale Wirtschaftlichkeit des Ge-
samtsystems notwendig ist. Dazu sind zunächst alle möglichen
Zwischenformen zu ermitteln, die zwischen den beiden Werk-
stückzuständen: Rohteil und maximale Schmiedegeometrie auftreten können und bei denen ein Verfahrenswechsel logisch erscheint. Dabei sind,nach DIN 8580 [16],unter Zwischenformen
die Endformen von einzelnen Bearbeitungsvorgängen zu verstehen,
die zugleich die Ausgangsformen der folgenden Arbeitsvorgänge
darstellen.

6.2.1   Bestimmung aller Zwischenformen

6.2.1.1   Mathematische Grundlagen

Die Radialumformmaschine soll im Rahmen eines flexiblen Fertigungssystems Vorformen für eine nachfolgende spanende Weiterbearbeitung liefern. Sie soll dabei die Aufgaben der frü-
her üblichen Schruppbearbeitung übernehmen und muß sich somit
einem Kostenvergleich mit der Drehbearbeitung stellen. Dazu
werden Arbeitsgänge miteinander verglichen, die sowohl umformend als auch spanend durchgeführt werden können.

Ausgehend vom maximal herstellbaren Umformteil gibt es demzufolge für jedes Formelement grundsätzlich die Möglichkeit, dieses umformend oder aber spanend herzustellen. Die Vorform einer Welle mit zwei Formelementen kann demnach folgendermaßen bearbeitet sein:

1. beide Formelemente geschmiedet
2. beide Formelemente gedreht
3. das erste Formelement geschmiedet und das zweite gedreht
4. das erste Formelement gedreht und das zweite geschmiedet.

In eben diesen vier Zwischenformen kann die Welle der Drehmaschine zur Weiterbearbeitung übergeben werden. Analog dazu ergeben sich für eine Welle mit drei Formelementen acht und mit vier Formelementen 16 Zwischenformen.

Dieser Zusammenhang wird in der Mathematik unter dem Begriff "Kombinatorik" behandelt und durch folgende Beziehung wiedergegeben:

$$V_r(n) = n^r.$$

Dabei steht r für die Anzahl der Formelemente und n für die Anzahl der Bearbeitungsmöglichkeiten. Die Zahl der Zwischenformen (V_Z) einer Welle mit drei Formelementen berechnet sich nun zu:

$$r = 3$$
$$n = 2 \text{ (Schmieden oder Drehen)}$$
$$V_Z = n^r = 2^3 = 8 \text{ Zwischenformen.}$$

Somit ist ein Weg aufgezeigt, mit dessen Hilfe sich die Anzahl der Zwischenformen bestimmen läßt. Die Aufgabe besteht nun darin, jeder Zwischenform anhand geeigneter mathematischer Formulierungen den entsprechenden Fertigungszustand zuzuordnen.

Ein Formelement kann die Zustände: umgeformt und nicht umgeformt annehmen. Mathematisch kann es sich demnach in den Zu-

ständen: "1" und "0" befinden. Dieser Zusammenhang besteht
auch bei den Dualzahlen, die sich ebenfalls durch eine Varia-
tion der Zahlen: "1" und "0" bilden. Daraus resultiert, daß,
wenn die bereits berechnete Anzahl der Zwischenformen durch
entsprechende Dualzahlen binär dargestellt wird, diese den
Fertigungszustand der jeweiligen Zwischenform anzeigen.

Bild 41 zeigt dies für eine Welle mit drei Formelementen. Den

$$\text{Anzahl der Zwischenformen} \quad V = 2^3 = 8$$

Zwischenform NR.	1	2	3	4	5	6	7	8
Wert der DUAL-Zahl	0	1	2	3	4	5	6	7
DUAL-Zahl	0 0 0	0 0 1	0 1 0	0 1 1	1 0 0	1 0 1	1 1 0	1 1 1
Fertigungs-Zustand								

Bild 41: Bestimmung der Fertigungszustände.

acht Zwischenformen werden die Werte der Dualzahlen null bis
sieben zugeordnet. Die binäre Darstellung ist dann gleichzusetzen mit den jeweiligen Fertigungszuständen. Beispielsweise
läßt sich die erste Zwischenform mit der Dualzahl null binär
durch die Zahlenkombination "000" darstellen. Jede Zahl der
Kombination ist einem Formelement zuzuordnen und zeigt dessen
Fertigungszustand an. Dieser lautet für alle drei Formelemente: nicht umgeformt. Die vierte Zwischenform hat binär die
Form: "110". Bezüglich des Fertigungszustands erlaubt dies die
Aussage, daß die ersten beiden Formelemente umgeformt sind,
das letzte nicht umgeformt ist.

6.2.1.2   Kombinationsmöglichkeiten

Mit der im Abschnitt 6.2.1.1 beschriebenen Methode sind alle
Zwischenformen erfaßt, die sich aus der rein formelementbe-
zogenen Betrachtungsweise ergeben. Jedes Formelement wird da-

bei zwischen den beiden Zuständen (Bild 42): nicht umgeformt
(entspricht "0" = Rohteildurchmesser) und umgeformt (entspricht
"1" = Formelementdurchmesser) variiert. Unberücksichtigt bleiben die Zwischenformen, die sich aus der während der Bearbeitung zwangsläufig auftretenden "Verschmelzung" mit benachbarten Formelementen bilden (11). Infolgedessen muß eine Welle
zuerst auf ihre Verschmelzungsmöglichkeiten überprüft werden,
bevor die einzelnen Verschmelzungen mit der formelementbezo-
genen Betrachtungsweise zu untersuchen sind.

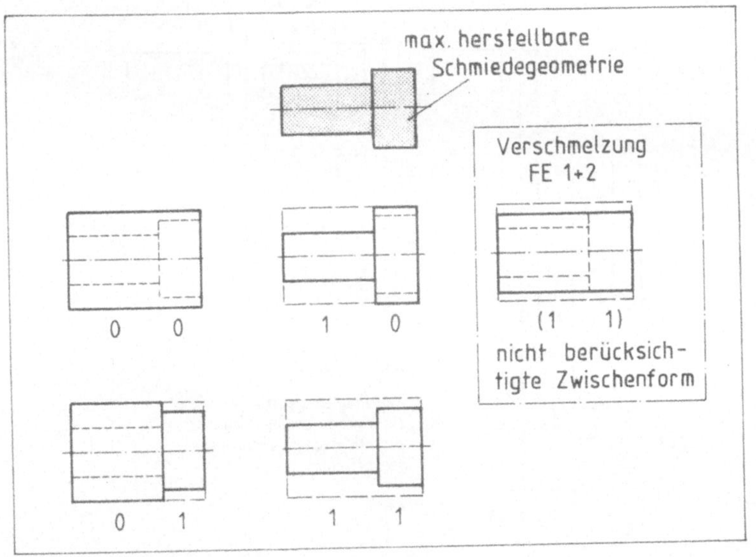

Bild 42: Durch Verschmelzung entstehende Zwischenformen.

Beim Verschmelzen gibt es ebenso wie beim Bearbeiten zwei
Kombinationsmöglichkeiten: verschmelzen und nicht verschmelzen. Die Anzahl der Verschmelzungen läßt sich nach der bereits
erwähnten mathematischen Gesetzmäßigkeit ermitteln, wobei der
Exponent r um die Zahl 1 kleiner anzusetzen ist, da ein Formelement nicht mit sich selbst verschmolzen werden kann. Die

Anzahl der Verschmelzungen für eine Welle mit drei Formelementen berechnet sich dann wie folgt:

$$V_V = 2^{r-1} = 2^{3-1} = 4 \text{ Verschmelzungen.}$$

Die Frage der Bearbeitung richtet sich demnach nur an die unverschmolzenen Formelemente.

Bild 43 enthält in seiner ersten Zeile die vier Verschmelzungen und in den Spalten die dazugehörigen Zwischenformen. Diese

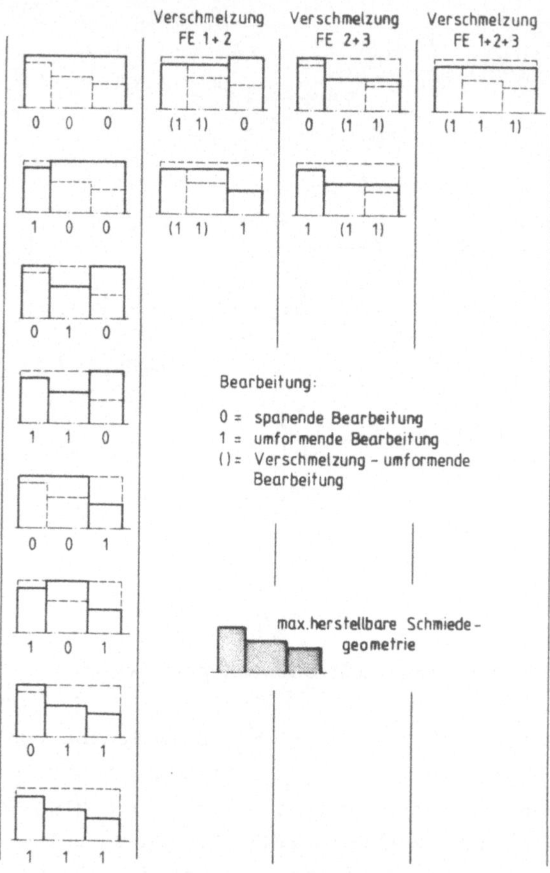

Bild 43: Alle Zwischenformen einer Welle mit drei Formelementen.

ergeben sich für die drei unverschmolzenen Formelemente der
ersten Verschmelzung zu acht Zwischenformen. Analog dazu ergeben sich für die zweite ebenso wie für die dritte Verschmelzung mit je einem unverschmolzenen Formelement zwei und für
die vierte, ohne unverschmolzene Formelemente, eine Zwischenform.
Insgesamt läßt sich eine Welle mit drei Formelementen in 13
Zwischenformen untergliedern. Die Darstellung der Fertigungszustände erfolgt binär mit Dualzahlen.

6.2.2   <u>Sinnvolle Zwischenformen</u>

Betrachtet man die Gesamtheit aller möglichen Zwischenformen,
so ist offensichtlich, daß einige von ihnen keine sinnvolle
Zwischenform bezüglich der Weiterbearbeitung darstellen. So
ist z. B. nicht einsichtig,
warum das zweite Formele-
ment der in Bild 44 dargestellten Welle nicht ebenfalls auf den Durchmesser
des ersten Formelements
umgeformt wird. Wenn es
sinnvoll und wirtschaft-
lich sein soll, das erste
Formelement umzuformen,
dann muß es ebenso sinn-
voll sein, das zweite Formelement mindestens auf den
selben Durchmesser umzu-
formen. Programmtechnisch
erfolgt zu diesem Zweck
eine Überprüfung benachbarter Formelemente, wobei unter Berücksichtigung von Einstichen auch darauffolgende überprüft
werden müssen. Für die Welle mit drei Formelementen (Bild 43)
ergeben sich somit acht sinnvolle Zwischenformen (Bild 45).
Die Vorgehensweise zur Ermittlung aller sinnvollen Zwischenformen läßt sich nun wie folgt beschreiben:

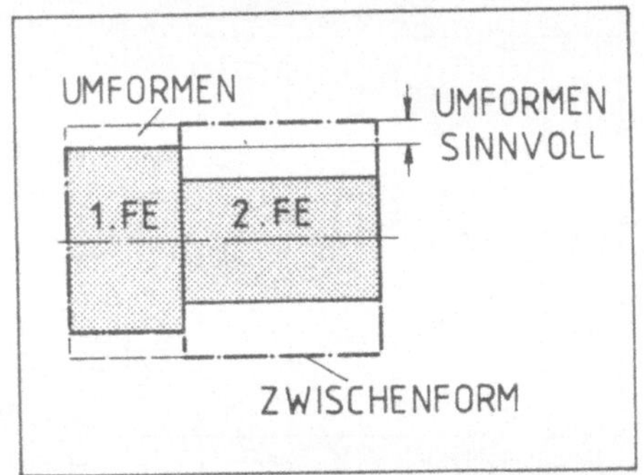

Bild 44: Entscheidungskriterien für eine sinnvol-
le Zwischenform.

    1. Ermittlung aller möglichen Verschmelzungen
    2. für jede Verschmelung die Zwischenformen bestimmen

ZWISCHENFORM - NR.	1	2	3	4	5	6	7	8
VERSCHMELZUNGSCODE	00							
SCHMIEDECODE	000	100	010	110	001	101	011	111
ZUORDNUNG	D D D	S D D	D S D	S S D	D D S	S D S	D S S	S S S
FERTIGUNGSZUSTAND	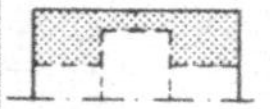	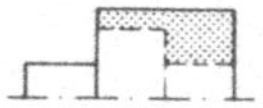	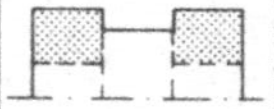	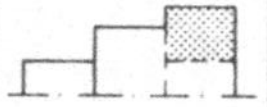	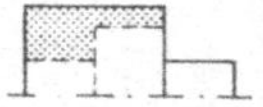	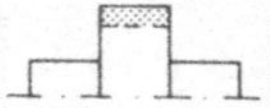	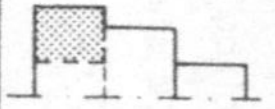	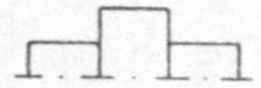
SINNVOLLE ZWISCHENF. ?	JA	JA	NEIN	NEIN	JA	JA	NEIN	JA

D - DREHEN ;   S - SCHMIEDEN ;   V - VERSCHMELZEN

ZWISCHENFORM - NR.	9	10	11	12	13
VERSCHMELZUNGSCODE	10		0 1		1 1
SCHMIEDECODE	0	1	0	1	0
ZUORDNUNG	(V V)D	(V V)S	D(V V)	S(V V)	(V V V)
FERTIGUNGSZUSTAND	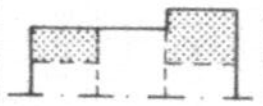		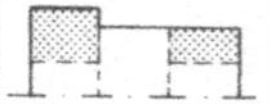	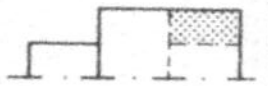	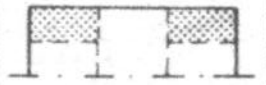
SINNVOLLE ZWISCHENF. ?	NEIN	JA	NEIN	JA	JA

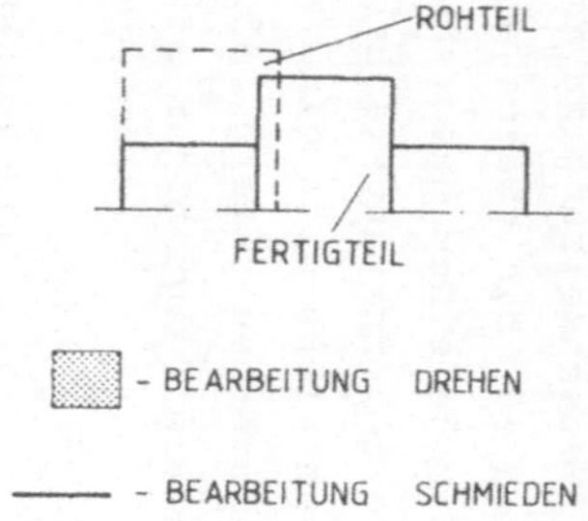

Bild 45: Sinnvolle Zwischenformen.

3. die Zwischenformen nach sinnvollen Zwischenformen untersuchen.

6.2.3 <u>Zerlegung in Teilwellen</u>

Eine Welle mit drei Formelementen kann in acht sinnvolle Zwischenformen untergliedert werden. Dieser Algorithmus auf Wellen mit vier und mehr Formelemente angewandt, läßt die Berechnung sehr schnell an die Grenzen des Rechners stoßen. So entstehen aus einer Welle mit 15 Formelementen 32768 sinnvolle Zwischenformen, deren Kalkulation mit vorhandener Rechnerkapazität nicht mehr bewältigt werden kann.

Aus diesem Grund wurde dazu übergagangen, solche Wellen rein rechnerisch in Abschnitte mit drei bis sechs Formelementen einzuteilen und diese bzw. ihre Zwischenformen einzel zu berechnen. Die wirtschaftlichsten Zwischenformen aller Teilwellen lassen sich dann zur Gesamtwelle zusammensetzen. Bei fünf Teilwellen mit je drei Formelementen ergeben sich somit 40 statt der 32768 Zwischenformen, d. h. es bleiben 32728 Zwischenformen unberücksichtigt. Die Zerlegung muß allerdings so vorgenommen werden, daß nur solche Zwischenformen unberücksichtigt bleiben, die nicht in den Bereich der möglichen Lösungen fallen.

In Bild 46 sind alle sinnvollen Zwischenformen einer Welle mit sechs Formelementen (Rohteildurchmesser = max. Formelementdurchmesser, d. h. fünf zu bearbeitende Formelemente) dargestellt. Wird die Welle in zwei Teilwellen aufgegliedert, dann entsprechen die Teilwellenzwischenformen der ersten Zeile denen der ersten,die der ersten Spalte denen der zweiten Teilwelle. Die schraffierte Zone umfaßt die Zwischenformen, die bei der Zerlegung unberücksichtigt bleiben. Dabei ist zu erkennen, daß sich jede in der Zone liegende Zwischenform durch eine Kombination der äußeren bilden läßt, z. B. die Form C 6 durch die Formen C 1 + A 6. Entsprechend kann C 6 aus der Summe der Einzelkalkulationen von C 1 und A 6 berechnet werden.

Auf die bei der Zerlegung zu beachtenden Randbedingungen soll im folgenden kurz eingegangen werden.

Die erste Teilwelle ist so zu legen, daß sie den größten Durchmesser beinhaltet. Entsprechend orientieren sich alle übrigen Teilwellen an den verbleibenden, nächst kleineren Durchmessern. Die Anzahl der Zwischenformen vermindert sich, wenn die

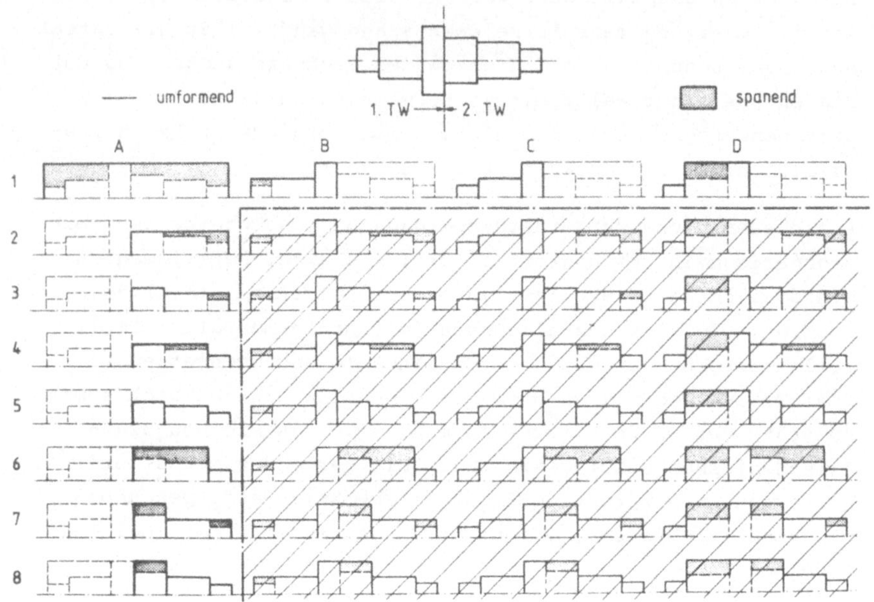

Bild 46: Unberücksichtigte Zwischenstufen bei der Teilwellenbildung.

Gesamtwelle in mehrere kleine anstatt in wenige große Teilwellen aufgegliedert wird. Die,infolge der Teilwellenbildung,geänderten Verfahrwege, wie z. B. beim Werkzeugwechsel, sind zu berücksichtigen.

Wenn es wirtschaftlich sein soll, die erste Teilwelle aus Bild 47 a bis auf den Anschlußdurchmesser herunter umzuformen, ist dies auch für die zweite Teilwelle anzunehmen. Der Anschlußdurchmesser wird somit zum Rohteildurchmesser der zweiten Teilwelle. Befindet sich entsprechend Bild 47 b in der

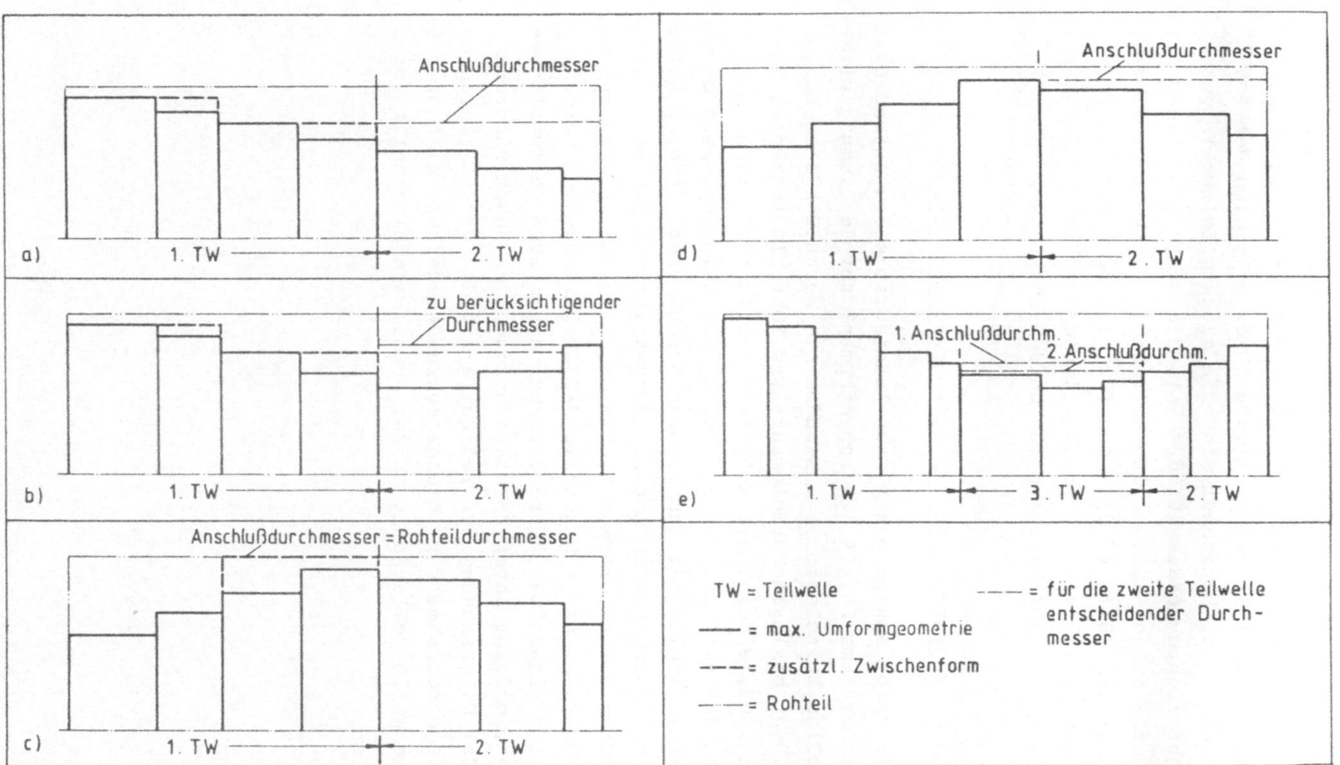

Bild 47: Randbedingungen für die Teilwellenbildung.

zweiten Teilwelle ein Formelementdurchmesser, der größer ist
als der Anschlußdurchmesser, ist dieser für die Berechnung
heranzuziehen. Ist der Anschlußdurchmesser gleich dem Rohteildurchmesser, berechnet sich die nächste Teilwelle aus
dem Rohteildurchmesser (Bild 47 c). Die Aufteilung einer beid-
seitig fallenden Welle sollte am größten Durchmesser vorgenommen werden (Bild 47 d). Sind für eine dazwischenliegende
Teilwelle (Bild 47 e) unterschiedliche Anschlußdurchmesser
vorhanden, ist der kleinere von beiden anzusetzen.

6.2.4   Programmaufbau zur Zwischenformermittlung

Bild 48 zeigt anhand eines Grobflußdiagramms den Aufbau des
Programmsystems ZWIFOR (Zwischenformen) zur Bestimmung aller
sinnvollen Zwischenformen. Nachdem die Werkstückdaten einge-
lesen, der maximale Formelement- und Rohteildurchmesser bestimmt sind, erfolgt die Aufgliederung in Teilwellen im Dialog mit dem Rechner. Die Ermittlung der Zwischenformen beginnt
bei der Teilwelle mit dem größten Durchmesser. Unter Zuhilfe-
nahme der aufgezeigten Entscheidungskriterien lassen sich die
sinnvollen Zwischenformen bestimmen, deren Daten dann zur weiteren Bearbeitung im Datenfile ZWIFOR.DAT abgelegt werden.
Sind alle sinnvollen Zwischenformen der ersten Teilwelle berechnet, erfolgt unter Berücksichtigung des Anschlußdurchmes-
sers die Untersuchung der Teilwelle mit dem nächst kleineren
Formelementdurchmesser. Dieser Zyklus wiederholt sich so oft,
bis die Welle vollständig in Zwischenformen eingeteilt ist.

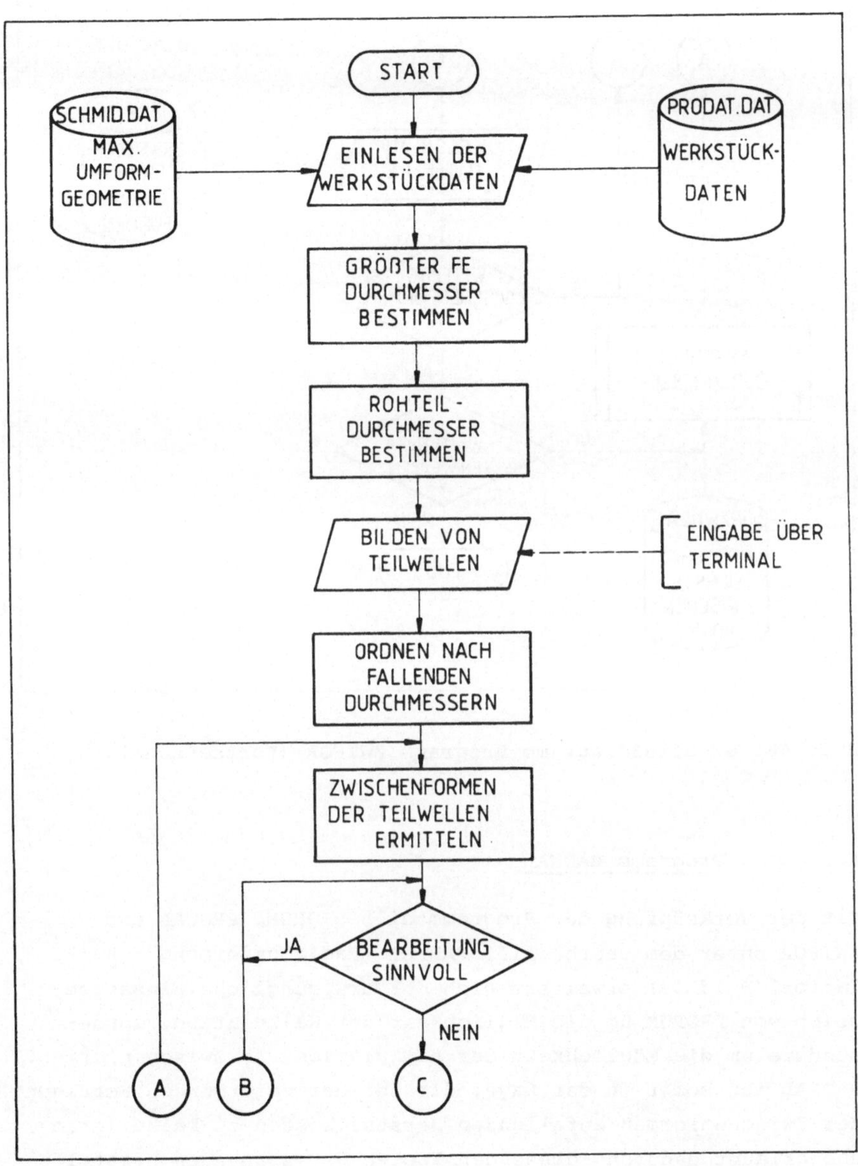

Bild 48: Grobflußdiagramm Programm ZWIFOR.

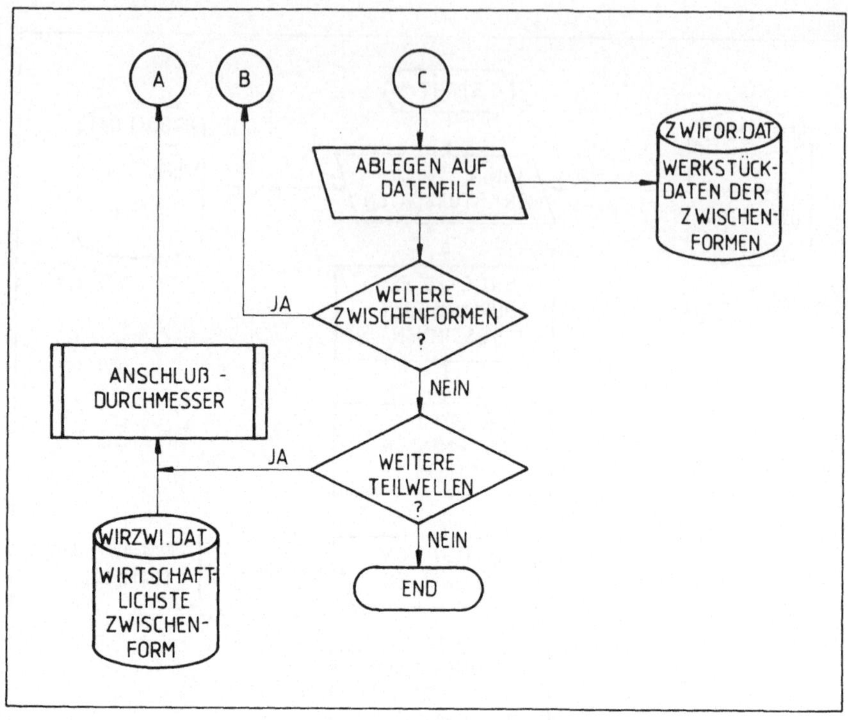

Bild 48: Grobflußdiagramm Programm ZWIFOR (Fortsetzung).

6.3   Programm RADKAL

Mit der Verknüpfung der Programmteile PRORUM, PROCAL und
ZWIFOR unter dem Überbegriff RADKAL (Radialumformung - Kalkulation)(Bild 49) erweitert sich der ursprüngliche Einsatzbe-
reich von PRORUM um die Möglichkeit der Kalkulation, insbesondere um die Möglichkeit der Kalkulation von Zwischenformen.
RADKAL ist somit in der Lage, die bei der umformenden Fertigung
der Zwischenformen anfallenden Herstellkosten zu kalkulieren
und erlaubt dadurch, diese den Kosten der spanenden Herstellung gegenüber zu stellen.

Die Kalkulation der Zwischenformen beginnt im Programm PRORUM

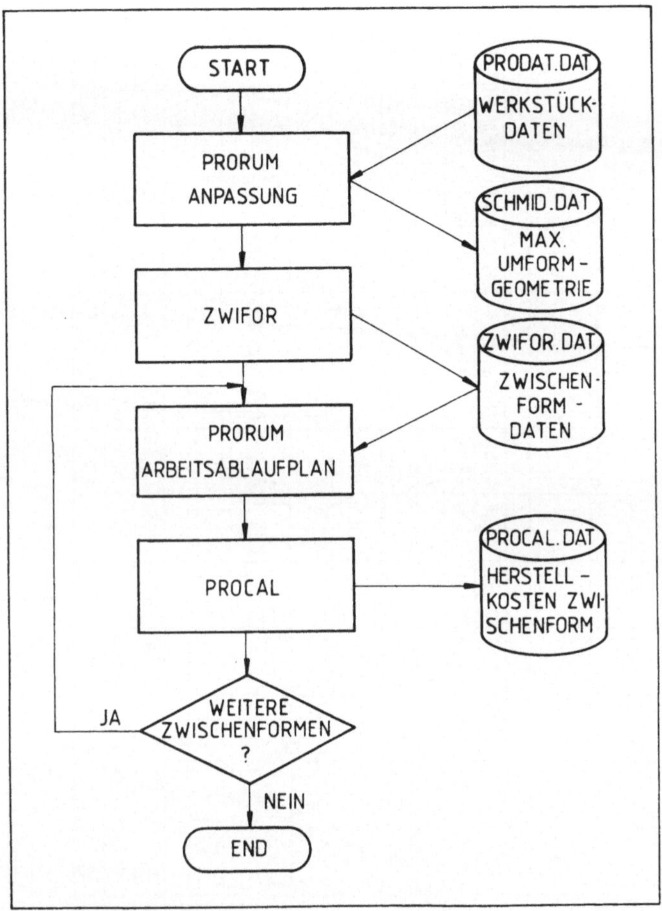

Bild 49: Grobflußdiagramm Programm RADKAL.

mit der Anpassung der Werkstückdaten und der Festlegung der
maximal herstellbaren Umformgeometrie. ZWIFOR ermittelt entsprechend Abschnitt 6.2.2 die dazugehörigen Zwischenformen,
für die dann im zweiten Teil von PRORUM ein Arbeitsablaufplan
erstellt wird. Anschließend kalkuliert PROCAL alle sinnvollen
Zwischenformen und legt die berechneten Kosten für den späte-
ren Kostenvergleich auf dem Datenfile PROCAL.DAT ab.

Bild 50 enthält die Herstellkosten der umformenden Bearbeitung

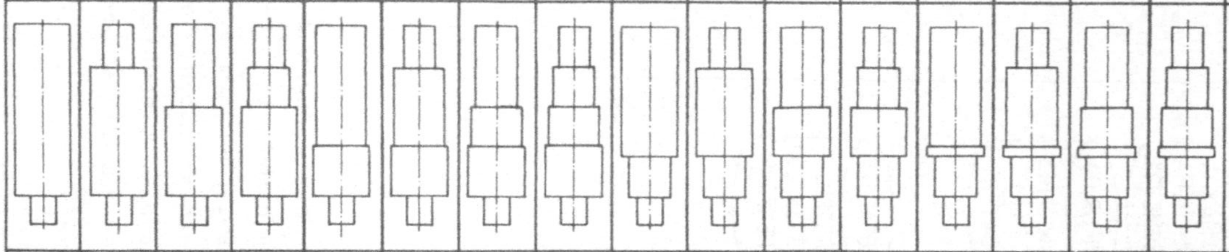

ZWISCHENFORM NR.	16	15	14	13	12	11	10	9	8	7	6	5	4	3	2	1
MASCHINENKOSTEN	9,02	11,37	9,80	11,43	9,43	11,42	10,10	11,67	9,00	11,38	9,80	11,44	9,48	11,46	10,15	11,72
WERKSTOFFKOSTEN	69,41	58,43	54,72	51,09	61,33	53,03	52,04	48,39	62,07	51,09	47,40	43,75	53,98	45,69	44,69	41,04
HERSTELLKOSTEN	78,43	69,80	64,52	62,52	70,76	64,45	62,14	60,06	71,07	62,47	57,20	55,19	63,46	57,15	54,84	52,76

ZWISCHENFORM NR.	32	31	30	29	28	27	26	25	24	23	22	21	20	19	18	17
MASCHINENKOSTEN	0	7,25	5,65	7,29	5,31	7,27	5,95	7,52	6,12	8,50	6,91	8,55	6,60	8,56	7,24	8,81
WERKSTOFFKOSTEN	77,25	67,13	63,44	59,79	70,02	61,73	60,75	57,09	65,64	54,66	50,96	47,31	57,54	49,26	48,26	44,61
HERSTELLKOSTEN	77,25	74,38	69,09	67,08	75,33	69,00	66,70	64,61	71,76	63,16	57,87	55,86	64,14	57,82	55,50	53,42

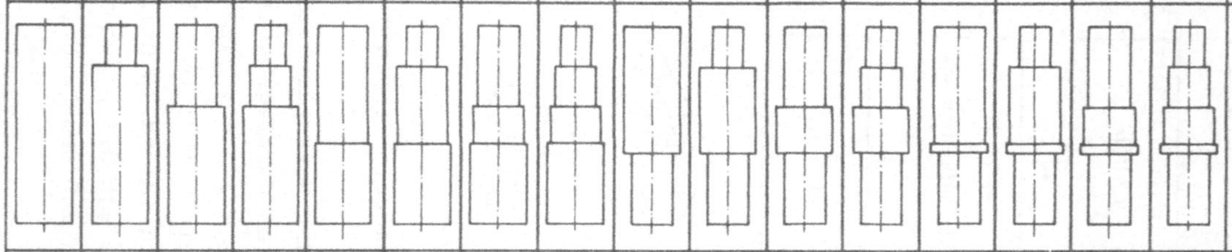

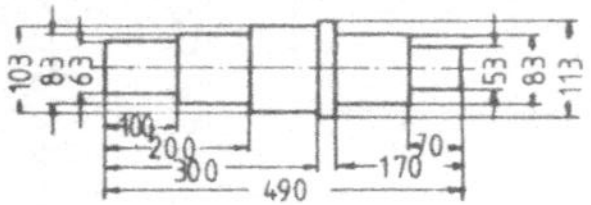

MINUTENSATZ
RADIALUMFORMEN : 1,68 DM

WERKSTOFFKOSTEN : 2,00 DM/KG

Bild 50: Herstellkosten aller umgeformten Zwischenformen einer Welle mit sechs Formelementen.

aller sinnvollen Zwischenformen einer Welle mit sechs Formelementen. Dazu ist zu bemerken, daß eine Zwischenform mit
geringem Hauptzeitanteil infolge erhöhter Nebenzeitanteile
(Werkzeugwechsel, Wenden des Werkstücks usw.) durchaus höhere
Maschinenkosten verursachen kann als Zwischenformen mit wesentlich größerem Hauptzeitanteil, wie dies bei den Zwischenformen 16 und 17 in Bild 50 der Fall ist.

Der Grund dafür ist darin zu sehen, daß mit der vorliegenden
Form von PRORUM jedes Formelement umformend hergestellt wird.
Die Radialumformmaschine überschmiedet deshalb bei der Zwischenform Nr. 16 zuerst den größten Durchmesser bis zur Ein-
spannstelle. Daran anschließend wechselt sie die Werkzeuge
für das kleinere Formelement ein. Nach dessen Fertigstellung
werden die ersten Werkzeuge wieder eingewechselt, das Werkstück gewendet und der große Durchmesser an der Einspannstel-
le überschmiedet.

Gegenüber der Form Nr. 17 sind dies ein Mehraufwand von einem
Werkzeugwechsel mit entsprechenden Verfahrwegen und das Wenden des Werkstücks aus einer ausgefahrenen Hublagenposition.

6.4   Einfluß der Vorformgeometrie auf die Fertigteilgeo-
        metrie

Die Radialumformmaschine eignet sich vorrangig zur Herstellung
von Vorformen für eine spanende Weiterbearbeitung. Aufgrund
der ebenen Werkzeugwirkflächen ist die Herstellung kreisförmi-
ger Querschnitte nicht möglich. Als Vorformgeometrie für derartige Querschnitte wird zuerst ein Achtkant gefertigt, der,
nachdem seine Schlüsselweite mit dem Soll-Durchmesser des
kreisförmigen Formelements übereinstimmt, mit einem Schlicht-
hub auf den Sechzehnkant erweitert wird, um eine bessere An-
gleichung an die Kreisform zu erhalten.

Die zeitliche Erfassung des gesamten Umformvorgangs zeigt,
daß im Schnitt ca. 20 % der Bearbeitungszeit für den Übergang
von Acht- auf Sechzehnkant ohne jegliche Durchmesserverän-
derung anzusetzen ist. Deshalb erscheint es sinnvoll, diesen

Übergang nochmals zu überdenken und anhand konkreter Untersuchungen den Einfluß der Vorform- auf die Fertigteilgeometrie
zu überprüfen.

Dazu wurden eine Acht- und eine Sechzehnkantwelle aus dem relativ gut umformbaren Werkstoff C15 und je eine Welle aus dem
schwer umformbaren Werkstoff 42CrMo4 mit Schlüsselweiten von
43 bis 133 mm (Bild 51 a und b) auf einer Drehmaschine mit
einem Span in ununterbrochenem Schnitt auf den Soll-Durchmesser des fertigen Formelements überdreht und anschließend mit
dem Talyrond Meßgerät vermessen. Die Bedingungen der spanenden
Bearbeitung befinden sich im Anhang A 2.

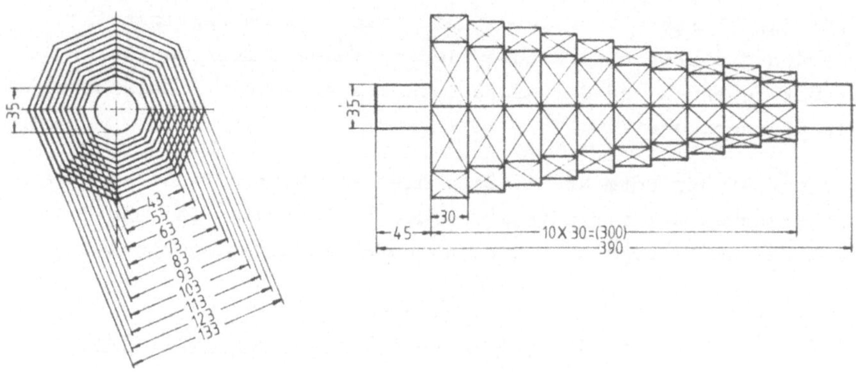

Bild 51 a: Versuchswelle mit Achtkantprofil.

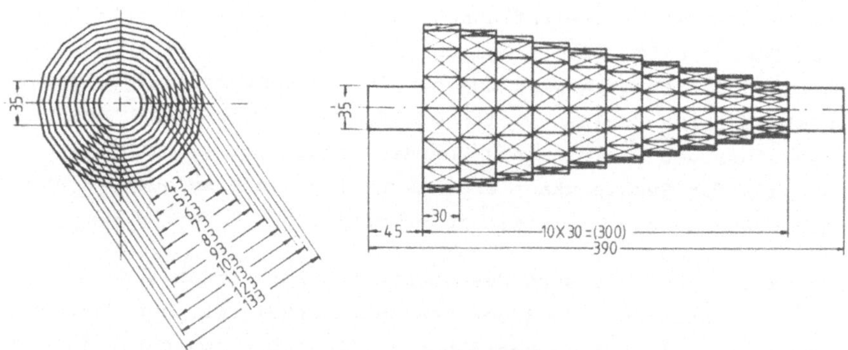

Bild 51 b: Versuchswelle mit Sechszehnkantprofil.

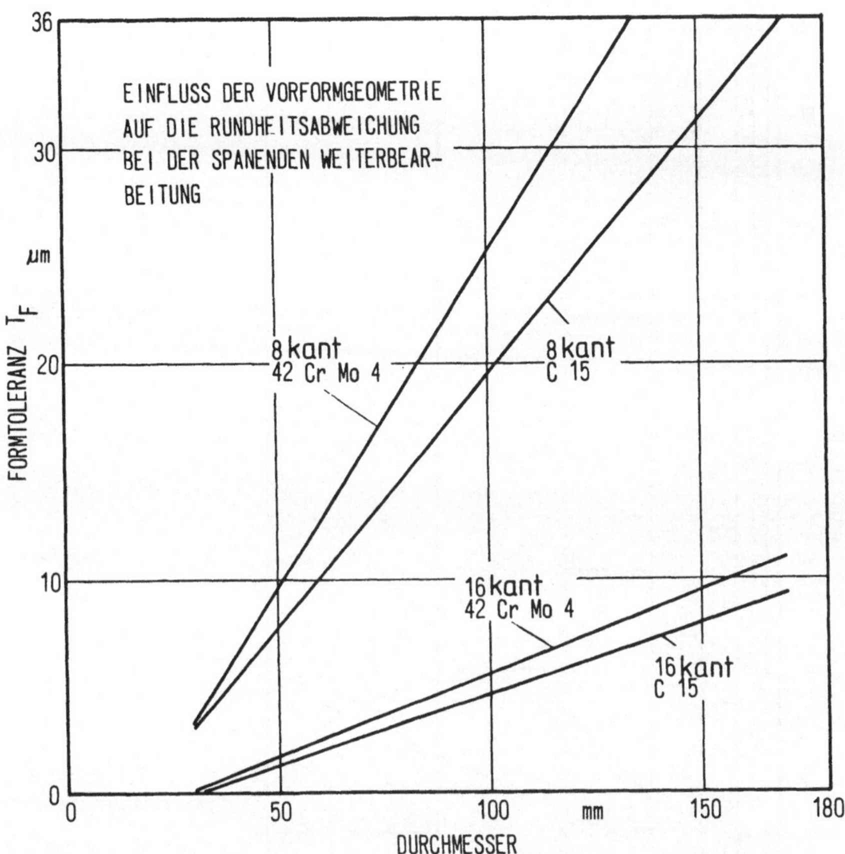

Bild 52: Rundheitsabweichung bei verschiedenen Vorformen.

Folgender Einfluß der Vorformgeometrie auf die Rundheitsabweichung nach der Drehbearbeitung konnte festgestellt werden:
Die Differenz der Formtoleranz zwischen Acht- und Sechzehnkant
vergrößert sich mit wachsendem Wellendurchmesser. Die Einflüs-
se infolge unterschiedlicher Werkstoffe sind von geringerer
Bedeutung (Bild 52). In bezug auf die ISO-Toleranzreihen ist
festzustellen, daß, wenn Qualitätsstufen der Güteklassen IT 7
und besser gedreht werden müssen, als Vorform ein Sechzehnkant
herzustellen ist, für alle übrigen Qualitätsstufen genügt ein
Achtkant (Bild 53).

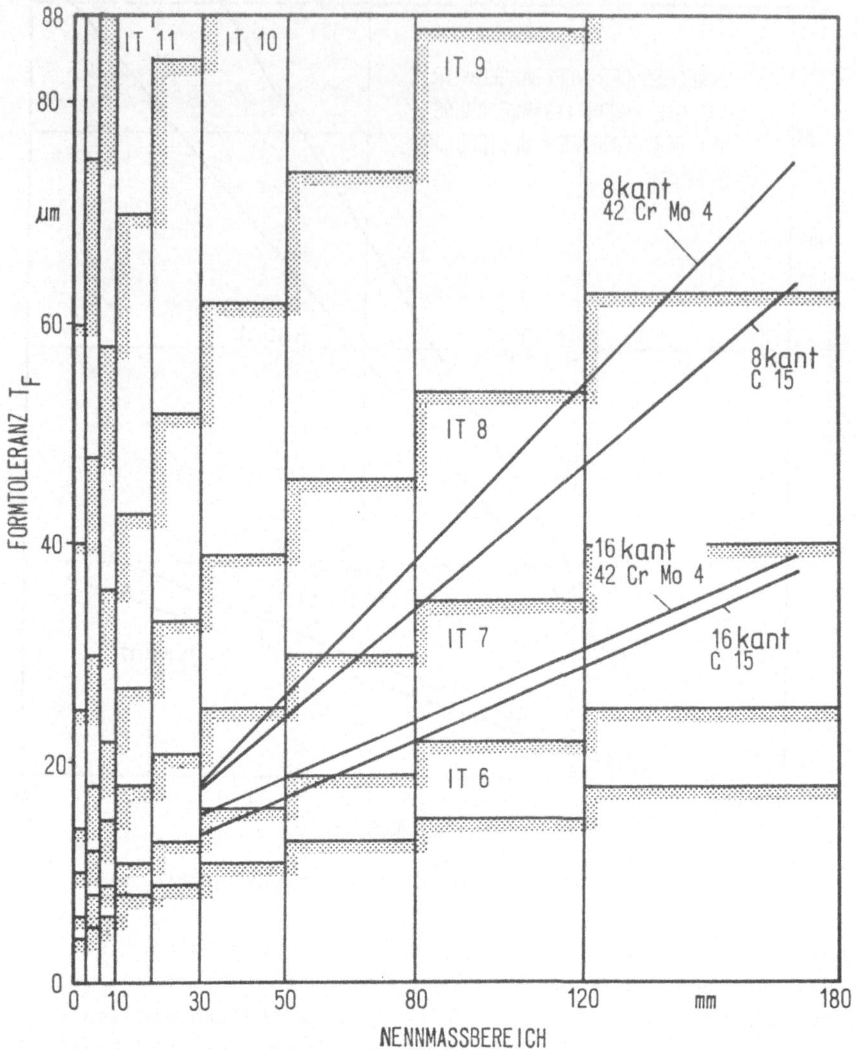

Bild 53: Einfluß der Vorformgeometrie auf die ISO-Toleranzreihe.

6.5 Optimierung der radialen Zustellung

Jeder Bearbeitungsschritt wird mit einer radialen Zustellung
- vergleichbar der der Drehbearbeitung - unter Berücksichti-

gung des vorgegebenen Umformgrads eingeleitet, die dann bis
zum Aufruf des nächsten Bearbeitungsschritts unverändert beibehalten wird. Kann bis zum Erreichen des Soll-Maßes nur noch
ein Teil des vorgegebenen Umformgrads ausgenutzt werden, wird
mit dieser Einstellung ebenfalls der ganze Bearbeitungsschritt
ausgeführt (Bild 54), obwohl nach Fertigstellung des entspre-

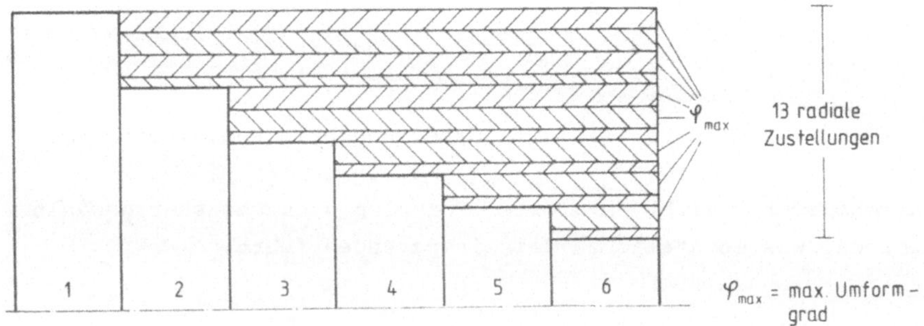

Bild 54: Radiale Zustellung beim Radialumformen.

chenden Formelements wieder mit der maximalen Zustellung gearbeitet werden könnte. Bei Wellen mit mehreren Formelementen
entstehen dadurch erhebliche Zeitverluste, die dadurch vermie-
den werden können, daß die Restzustellung nur für das fertig-
zustellende Formelement beibehalten wird. Ist dieses Formelement über seine ganze Länge bearbeitet, kann die Hublage wieder auf den maximalen Umformgrad eingestellt werden (Bild 55).
Durch diese Maßnahme verringert sich beispielsweise die Anzahl der radialen Zustellungen von 13 in Bild 54 auf 11 in
Bild 55.

Ein weiterer Ansatzpunkt bei der Verfahrensoptimierung besteht
in der grundsätzlichen Überschmiedung des größten Formelementdurchmessers. Hierzu sollte PRORUM so geändert werden, daß dieser nur dann einen vom Rohteil abweichenden Durchmesser er-
hält, wenn für dieses Teil Schmiedeeigenschaften vorausgesetzt
werden. Handelt es sich dagegen um ein Werkstück, an das keine
besonderen Anforderungen gestellt werden, kann der Rohteil-

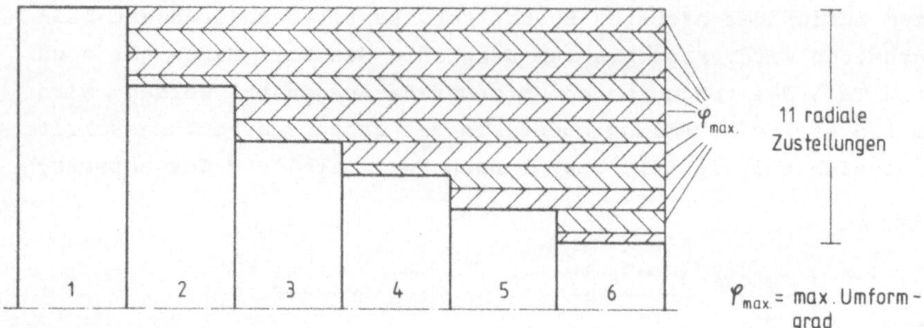

Bild 55: Optimierte, radiale Zustellung beim Radialumformen.

durchmesser gleich dem größten Formelementdurchmesser gewählt werden, was ebenfalls zu Zeiteinsparungen führt.

Der Einsatz der Radialumformmaschine in gemischten, flexiblen
Fertigungssystemen soll unter dem Gesichtspunkt der Vorfertigung von Werkstücken für eine spanende Weiterbearbeitung betrachtet werden. Sie muß dazu Aufgaben vergleichbar denen des
Schruppens übernehmen und hat sich demzufolge einem Kostenvergleich mit der entsprechenden Vordrehbearbeitung zu stellen. Unter Schruppbereich soll dabei der Bereich verstanden
werden, der durch die beiden Extremzwischenformen: Rohteil
und maximale Umformgeometrie eingegrenzt wird (Bild 56).

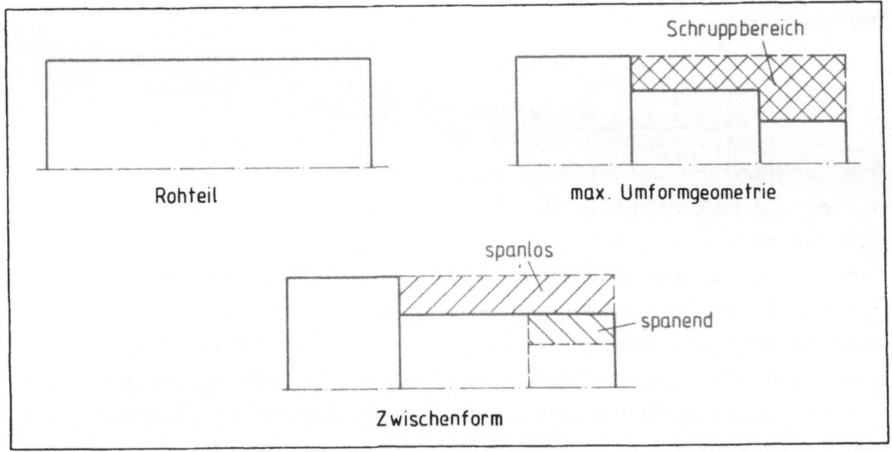

Bild 56: Schruppbereich zwischen Rohteil und max. Umformgeo-
         metrie.

Grundsätzlich kann dieser Bereich spanend bzw. umformend bearbeitet werden. Darüber hinaus besteht aber auch die Möglichkeit, beide Verfahren innerhalb dieses Bereiches zu verknüpfen
und das Werkstück bis zu einer Zwischenform umformend und ab
dieser bis zur maximalen Umformgeometrie spanend zu bearbeiten. Die Herstellkosten für diese kombinierte Schruppbearbeitung ergeben sich dann aus der Summe der Werkstoff- und anteiligen Verfahrenskosten.

Die Entscheidung, wie weit ein Teil umgeformt und ab wann es
spanend weiter bearbeitet wird, soll dabei einem Rechner übertragen werden, der anhand technologischer und wirtschaftlicher
Kriterien die Verfahrensfolge festlegt, die für den Gesamt-
prozeß ein Minimum bezüglich der Herstellkosten darstellt. Zur
Realisierung dieses Ziels bedient er sich eines aus den Ein-
zelprogrammen RADKAL und DREKAL bestehenden Programmsystems
VORUM (Programm zur Vorformbestimmung für das Radialumformen),
das mit RADKAL den umformenden und mit DREKAL den spanenden
Anforderungen gerecht werden kann. Als zentrales und beide
Programme versorgendes Werkstückbeschreibungsprogramm wird
DREBES verwendet.

7.1   Aufbau von VORUM

Die Verknüpfung beider Planungssysteme wurde so vorgenommen,
daß die Grundkonzeption der Einzelprogramme erhalten bleibt.
Das Zusammenwirken der Programme erfolgt über Dateien, deren
Daten nach entsprechender Anpassung den jeweiligen Systemen
zugeführt bzw. von diesen abgerufen werden. Das Ergebnis der
Planung sind der Arbeitsablaufplan für das Umformen der wirtschaftlichsten Zwischenform, die dabei entstehenden Kosten
und die Bestimmung der Arbeitsvorgangsfolge. Bild 57 zeigt
das Gesamtkonzept von VORUM.

Der Programmablauf beginnt mit der Bereitstellung aller erforderlichen Daten. Dies sind zum einen planungsrelevante
Werkstückdaten, die im Dialog über das Bildschirmterminal dem
Rechner zugeführt werden, zum anderen in Form von Dateien bereits vorhandene betriebsspezifische Daten.

DREBES (vergleiche Abschnitt 4.2.1) als übergeordnetes Beschreibungssystem übernimmt die Werkstückdaten und legt sie
in der zentralen Werkstückdatei ab. Hieraus ermittelt die Da-
tenanpassung die für die umformende Bearbeitung relevanten
Größen und übergibt sie an PRORUM. Zusammen mit den übrigen
Fertigungsdaten berechnet PRORUM die maximale Umformgeometrie, die dann als "Quasi Fertigteilgeometrie" einerseits in
DREKAL, andererseits zur Bestimmung der Zwischenformen in

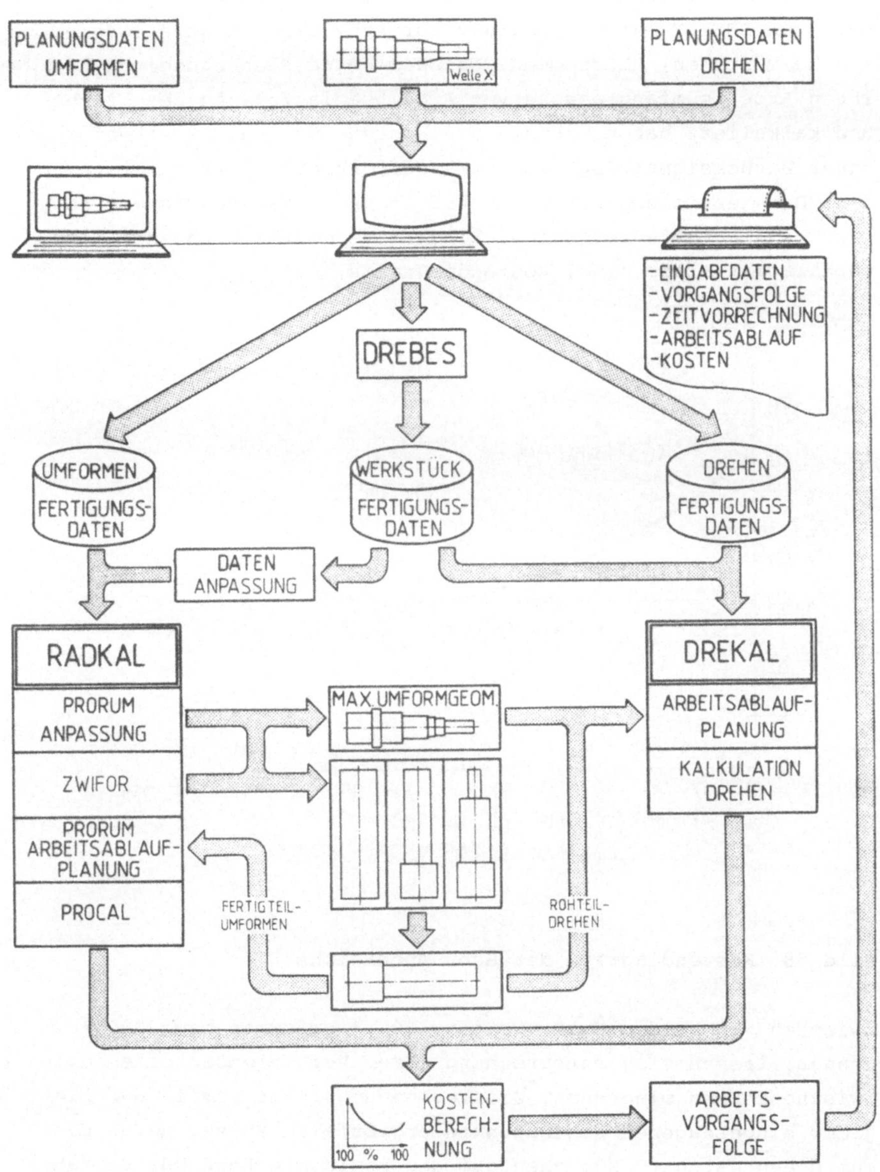

Bild 57: Gesamtkonzept von VORUM.

ZWIFOR Eingang findet. Jede Zwischenform wird dann entsprechend ihrer Zielsetzung als Fertigteil von PRORUM bzw. als Rohteil von DREPLN (Steuerprogramm für Arbeitsplanungstätigkeiten beim Drehen) übernommen. Nachdem beide Planungsseiten
ihren Arbeitsumfang anhand von Arbeitsablaufplänen beschrieben
und kalkuliert haben, können die Kosten für eine Zwischenform
unter Berücksichtigung des Werkstoffverbrauchs berechnet werden. Die Bestimmung der wirtschaftlichsten Zwischenform erfolgt
durch einen Kostenvergleich. Bild 58 verdeutlicht diesen Sachverhalt mit Hilfe eines Kostendiagramms.

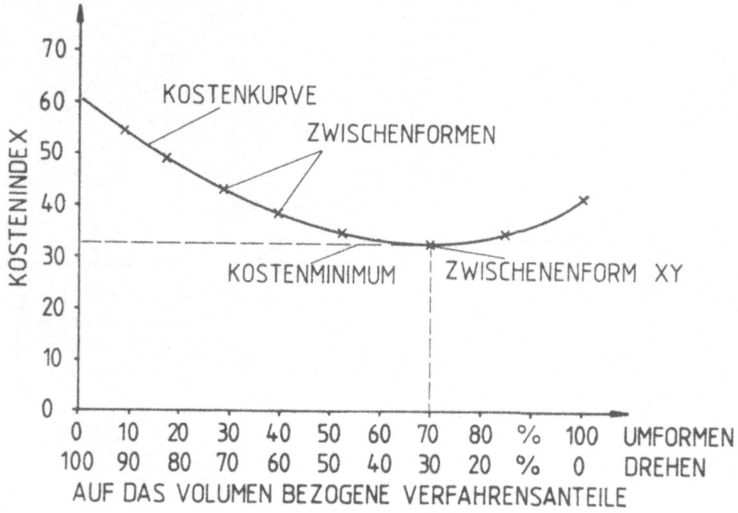

Bild 58: Kostendiagramm des Schruppbereichs.

Zwischen den beiden Extremwerten, 100 % Umformen bzw. 100 %
Spanen, lassen sich entsprechend ihren Verfahrensanteilen alle
Zwischenformen einordnen. Die Verbindungslinie der in das Dia-
gramm eingetragenen Kostenpunkte ergibt eine Kurve, deren Minimum die günstigste Zwischenform und somit die Lage der Verfahrensschnittstelle aufzeigt.

Eine Kurzbeschreibung von VORUM befindet sich im Anhang.

7.2 Bestimmung der Arbeitsvorgangsfolge

Mit der Ermittlung der kostengünstigsten Zwischenform liegt
die Arbeitsvorgangsfolge fest. Diese Zwischenform charakterisiert genau den Fertigungszustand, den das Werkstück an der
Verfahrensschnittstelle Radialumformen - Drehen haben muß, damit es die wirtschaftlichste Bearbeitungsalternative darstellt.
Der Gesamtablaufplan setzt sich aus den einzelnen Verfahrens-
ablaufplänen für eben diese Zwischenform zusammen.

7.3 Beispiele und ihre Bedeutung

7.3.1 Bestimmung der wirtschaftlichsten Zwischenform einer Welle mit sechs Formelementen

Bei dem betrachteten Beispiel handelt es sich um die in Bild 22
in Verbindung mit dem Beschreibungssystem DREBES vorgestellte
Welle mit sechs Formelementen. Für diese Welle wurden alle
sinnvollen Zwischenformen bestimmt und von beiden Verfahren
gemäß ihrer Aufgabenstellung kalkuliert. Die Einzelergebnisse
sind in Bild 59 zusammengefaßt.

Der Vergleich der Verfahrenskosten deutet zunächst auf die
wesentlich höheren Kosten der Radialumformmaschine hin. Der
Grund hierfür ist in ihrer Funktion als ersetzende und ergänzende Bearbeitungseinheit zu sehen.

Während bei der normalen Drehbearbeitung das Fertigdrehen in
einer Aufspannung unmittelbar nach dem Schruppen einsetzt, ist
diese Fertigungsfolge bei der Verfahrensverknüpfung nur durch
zusätzliche Nebenzeiten zu erreichen. Gegenüber der reinen
Drehbearbeitung ist das Radialumformen durch folgenden Mehraufwand gekennzeichnet:

- Auf- und Abspannen des Werkstücks
- Initialisierung
- Wenden des Werkstücks
- Überschmieden des größten Formelementdurchmessers.

ZWISCHENFORM NR	MK UMFORMEN	MK SPANEN	HERSTELLKOSTEN 1	HERSTELLKOSTEN 2
1	11,72	0,0	52,76	21,98
2	10,15	0,48	55,32	21,80
3	11,46	0,61	57,76	23,49
4	9,48	1,04	64,50	24,02
5	11,44	0,30	55,49	22,67
6	9,80	0,79	57,99	22,44
7	11,38	0,73	63,20	24,88
8	9,00	1,28	72,35	25,79
9	11,67	0,61	60,67	24,37
10	10,10	1,03	63,17	24,14
11	11,42	1,09	65,54	25,76
12	9,43	1,58	72,34	26,34
13	11,43	0,85	63,37	25,05
14	9,80	1,34	65,86	24,82
15	11,37	1,28	71,08	27,25
16	9,02	1,77	80,20	28,14
17	8,81	0,37	44,61	20,33
18	7,24	0,79	48,26	20,09
19	8,56	0,91	49,26	21,78
20	6,60	1,34	57,54	22,32
21	8,55	0,67	47,31	21,04
22	6,91	1,09	50,96	20,74
23	8,50	1,03	54,66	23,19
24	6,12	1,58	65,64	24,11
25	7,52	1,03	57,09	22,82
26	5,95	1,52	60,75	22,65
27	7,27	1,58	61,73	24,28
28	5,31	2,01	70,02	24,82
29	7,29	1,34	59,79	23,57
30	5,65	1,76	63,44	23,27
31	7,25	1,77	67,13	25,80
32	0,0	2,26	77,25	21,57

MINUTENSATZ :

RADIALUMFORMEN : 1,68 DM
DREHEN : 0,51 DM

MK = MASCHINENKOSTEN

	2,00 DM/KG	0,50 DM/KG
MK UMFORMEN		
+ MK SPANEN		
+ WERKSTOFFKOSTEN		
= HERSTELLKOSTEN	1	2

Bild 59: Herstellkosten aller Zwischenformen einer Welle mit sechs Formelementen.

Das entscheidende Kriterium bei der Festlegung der Verfahrensschnittstelle sind die tatsächlich angefallenen Werkstoffkosten.

Bei einem Stahlpreis von DM 2,--/kg ist in dem betrachteten
Beispiel die maximale Umformgeometrie (Nr. 1) die wirtschaftlichste Zwischenform.

Bild 60 zeigt die Kurvenverläufe der Herstell- und Fertigungs-

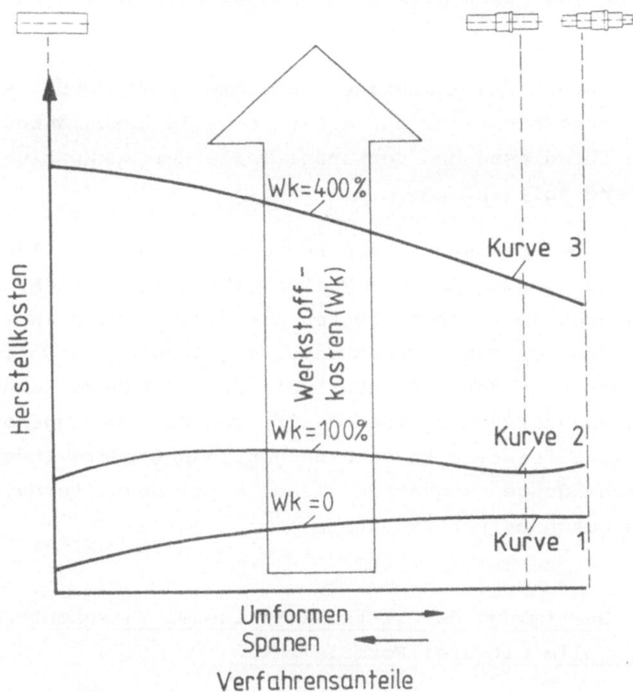

Bild 60: Verlauf der Kostenkurve in Abhängigkeit der Werkstoffkosten.

kosten aus Bild 59. Betrachtet man die Kurvenverläufe, ist
deutlich zu erkennen, daß die Kostenkurve in Abhängigkeit der
Werkstoffkosten verschiedene Stadien durchläuft.

Dies beginnt mit der Kurve 1 bei der vollständig spanenden
Fertigung. Steigen die Werkstoffkosten, verändert die Kurve
ihren Verlauf von der rein spanenden Lösung über einzelne
Zwischenformen (Kurve 2) bis zur reinen Umformbearbeitung
(Kurve 3). Diese Kurvenfolge kann generell bei allen unter-
suchten Werkstücken festgestellt werden.

Die größere Steigung im ersten Drittel der Kostenkurven ist
mit den relativ hohen Einstiegskosten für die spanlose Formgebung zu erklären. Hier übersteigt der Aufwand für das Radialumformen die Werkstoffkosteneinsparungen (Zwischenform
Nr. 16).

Aus der Kenntnis des momentanen Kurvenverlaufs, wobei sich diese Betrachtung nicht nur auf einzelne Teile beschränken muß,
läßt sich für dieses und verwandte Teile der zukünftige Fer-
tigungstrend ablesen.

Favorisiert beispielsweise die Kurve durch ihren Verlauf
schon eindeutig die spanlose Vorformgebung, wird sich dies
zukünftig noch verstärken. Deutet sie dagegen sehr intensiv
zur spanenden Fertigung, kann unter Zugrundelegung üblicher
Preissteigerungen der Kurvenverlauf für die nähere Zukunft
eventuell ebenfalls mit einem derartigen Minimum angenommen
werden. Mittelfristige Entscheidungen,insbesondere Investitionsentscheidungen zugunsten dieser Fertigungsalternativen
sind dann durchaus vertretbar.

7.3.2   <u>Bestimmung der wirtschaftlichsten Zwischenform einer
          Welle mit drei Formelementen</u>

Nachdem im vorherigen Abschnitt ein Beispiel mit überwiegen-
dem Umformanteil vorgestellt wurde, soll nun die Verfahrensschnittstelle für eine Welle ermittelt werden, bei der nur
geringe Werkstoffeinsparungen erreicht werden können. Bild 61
zeigt die betrachtete Welle mit Zwischenformen und anteiligen
Kosten. Die Kostenkurve ist in Abhängigkeit der Werkstoffkosten dargestellt.

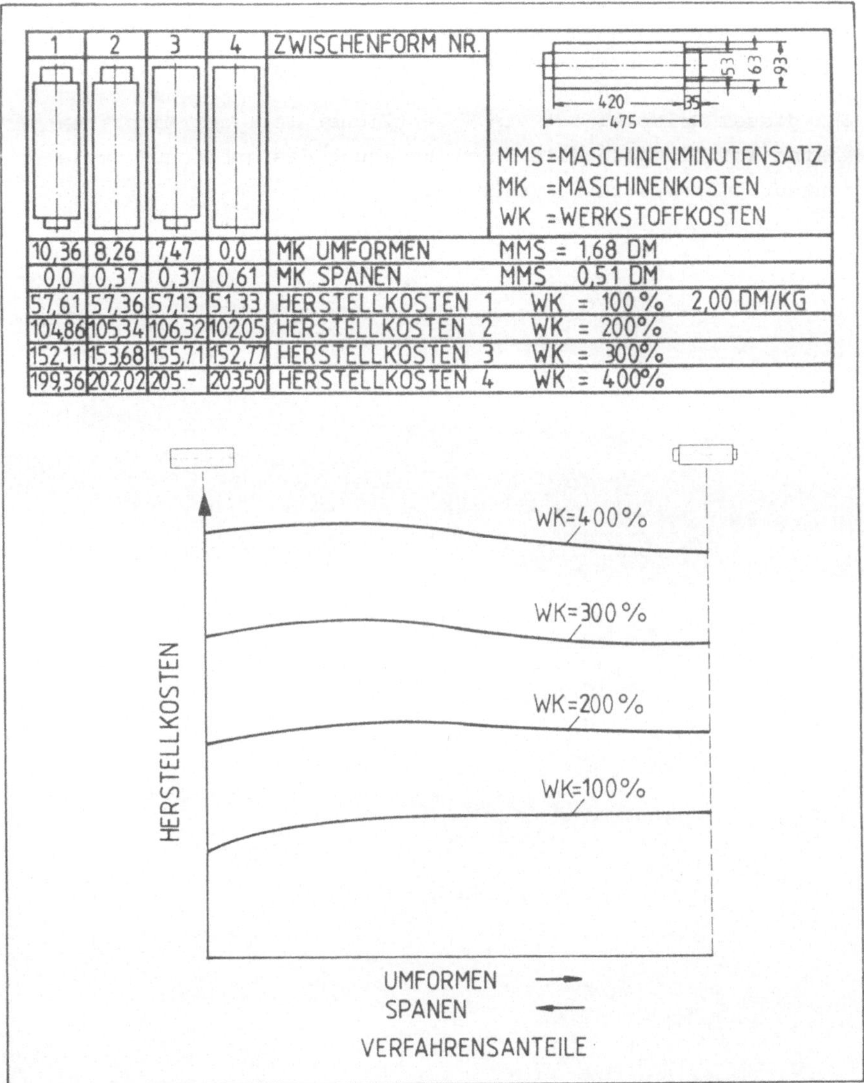

Bild 61: Herstellkosten einer Welle mit drei Formelementen.

Erwartungsgemäß ergeben sich für die Zwischenform Nr. 4 unter
den angenommenen Voraussetzungen die geringsten Herstellkosten.
Die Kostenkurve hat ihr Minimum bei der reinen Drehbearbeitung.

Verdoppelt man die Werkstoffkosten, verringert sich die Kurvensteigung, bis nach einer Verdreifachung das Kostenminimum bei der spanlosen Formgebung liegt.

Bei diesem Beispiel ist ein wesentlicher Teil der Maschinenkosten auf die generelle Überschmiedung des größten Formelementdurchmessers zurückzuführen.

Im Rahmen der Entwicklung von flexiblen Fertigungssystemen
entstand am Institut für Umformtechnik mit dem Bau der Radialumformmaschine eine Fertigungseinrichtung, deren Konzeption
auf den Einsatz in flexiblen Fertigungssystemen ausgerichtet
war.

Zusammen mit einer NC-Drehmaschine soll die Radialumformmaschine im Rahmen eines gemischten, flexiblen Fertigungssystems
optimale Wirtschaftlichkeit und Rentabilität gewährleisten. Dazu müssen die Verfahren in ihrer Inanspruchnahme von Teilar-
beiten des Fertigungsvorgangs aufeinander abgestimmt sein, wobei eine eindeutige Reihenfolge mit dem umformenden Herstellen
von Vorformen und der drehenden Fertigbearbeitung vorgegeben
ist.

Ziel dieser Arbeit ist die Ermittlung einer unter technischen
und wirtschaftlichen Gesichtspunkten kostenoptimierten Arbeitsvorgangsfolge der sich ergänzenden und ersetzenden Bearbeitungseinheiten Radialumformmaschine und NC-Drehmaschine.
Dazu wurde ein Programmsystem erstellt, welches die angespro-
chene Abstimmung übernimmt.

Der erste Teil dieser Arbeit befaßt sich mit der Ermittlung
eines zum Programmsystem PRORUM (Arbeitsablaufplanung für das
Radialumformen) kompatiblen Arbeitsplanungssystems für die
Drehbearbeitung.

Mit der Bestimmung eines Werkstückspektrums wurden Anforderungen erarbeitet, die unter Heranziehung weiterer Auswahlkriterien mit den Leistungen der auf dem Markt befindlichen Planungssysteme verglichen wurden. Es zeigte sich, daß das Pla-
nungs- und Kalkulationsprogramm DREKAL (Drehteil-Kalkulation)
die vorgegebenen Randbedingungen am besten erfüllt.

Die Erweiterung von PRORUM um die Möglichkeiten der Zeit- und
Kostenkalkulation, sowie der Bestimmung aller Zwischenformen
ist Inhalt des zweiten Teils der Arbeit.

Für die Zeit- und Kostenkalkulation wurde die Kinematik der

Radialumformmaschine in einzelne Bewegungsfunktionen untergliedert und deren Weg-Zeit-Abhängigkeiten ermittelt. Gemäß
den Anweisungen im Arbeitsablaufplan lassen sich die entsprechenden Zeitanteile zur Vorgabezeit aufsummieren.

Weiter ist ein Weg zur Bestimmung sämtlicher Zwischenformen,
bei denen ein Verfahrenswechsel sinnvoll erscheint, aufgezeigt. Somit bietet sich die Möglichkeit, ein Werkstück bis
zu dieser Zwischenform umformend und ab dieser Zwischenform
spanend herzustellen.

Wie weit ein Teil umgeformt und ab wann es spanend weiterbearbeitet wird, entscheidet ein Kostenvergleich. Für jede
Zwischenform werden entsprechend ihren Verfahrensanteilen
und unter Berücksichtigung des Werkstoffverbrauchs die Kosten
berechnet. Mit der Ermittlung der kostengünstigsten Zwischenform liegt die Arbeitsvorgangsfolge fest.

9   <u>Anhang</u>

Maschine Radial-Umform-Maschine RUMX 2000
Hersteller Institut für Umformtechnik   Dimension

	Anschaffungspreis	1271278.50	DM
	Montage	0.00	DM
Anschl.-Wert 200 kW	Fundament	0.00	DM
Baujahr 1976-1980	Gesamtanschaffungswert	1271278.50	DM
Ind.-Ber.Jahr 129.3	Investitionssteuerindex	1.00	--
Ind.-Ansch.Jahr 119.3	Wiederbeschaffungswert	1271278.50	DM

		1-Schicht	2-Schicht	3-Schicht	Dimension
Flächenbed.40QM x 11.40 DM/QM MON		456.00	456.00	456.00	DM/MON
Zinssatz 7.5% / Jahr		3972.75	3972.75	3972.75	DM/MON
Techn.-wirt.Nutzd. 10/8/5 Jahre		10593.99	13242.48	21187.98	DM/MON
Kalkulatorische Nutzd. 6 Jahre		17656.65	17656.65	17656.65	DM/MON
Fixe Kosten techn.-wirt.		15020.74	17969.23	25614.73	DM/MON
		130.62	76.82	74.25	DM/h
Fixe Kosten kalkulatorisch		22083.40	22083.40	22083.40	DM/MON
		192.03	96.01	64.01	DM/h
Instandhaltung 1.6/3.0/4.0%/Jahr		14.74	13.82	12.28	DM/h
Strombed. 80 kW x 13 DM/kWh		10.40	10.40	10.40	DM/h
Variable Kosten		25.14	24.22	22.68	DM/h
Maschinen-Satz	techn.-wirt. MSS	155.76	101.04	96.93	DM/h
	MMS	2.60	1.68	1.62	DM/min
	kalkulatorisch MSS	217.17	120.23	86.69	DM/h
	MMS	3.62	2.00	1.44	DM/min

Maschine NC-Drehmaschine Hektor CNC
Hersteller Weisser/Heilbronn   Dimension

	Anschaffungspreis	385294.00	DM
	Montage	19265.00	DM
Anschl.-Wert 25 kW	Fundament	3853.00	DM
Angebotsjahr 1980	Gesamtanschaffungswert	408412.00	DM
Ind.-Ber.Jahr 125.3	Investitionssteuerindex	1.00	--
Ind.-Ansch.Jahr 119.3	Wiederbeschaffungswert	408412.00	DM

		1-Schicht	2-Schicht	3-Schicht	Dimension
Flächenbed.16QM x 11.40 DM/QM MON		182.40	182.40	182.40	DM/MON
Zinssatz 7.5% / Jahr		1276.29	1276.29	1276.29	DM/MON
Techn.-wirtsch.Nutzd.10/8/5 Jahre		3403.43	4254.29	6806.87	DM/MON
Kalkulatorische Nutzd. 6 Jahre		5672.39	5672.39	5672.39	DM/MON
Fixe Kosten techn.-wirtsch.		4862.12	5712.98	8265.56	DM/MON
		42.28	24.84	23.96	DM/h
Fixe Kosten kalkulatorisch		7131.08	7131.08	7131.08	DM/MON
		62.01	31.00	20.67	DM/h
Instandhaltung 1.6/3.0/4.0% /Jahr		4.74	4.44	3.95	DM/h
Strombed. 10 kW x 13 DM/kWh		1.30	1.30	1.30	DM/h
Variable Kosten		6.04	5.74	5.25	DM/h
Maschinen-Satz	techn.-wirt. MSS	48.32	30.58	29.21	DM/h
	MMS	0.81	0.51	0.49	DM/min
	kalkulatorisch MSS	68.05	35.74	25.92	DM/h
	MMS	1.13	0.61	0.43	DM/min

A 1: Daten zur Berechnung verschiedener Maschinenstundensätze
     (Radialumformmaschine, Drehmaschine).

Drehmaschine   :   M 670 (Fa. Boehringen /Göppingen)

Werkzeug   :   Wendeschneidplatte Gruppe P 15

Vorschub s   :   0,112 mm/U

Schnittiefe   :   variabel (zwischen Schlüsselweite und Eckmaß)

Schnittgeschwindigkeiten:

Durchmesser (mm)	Drehzahl (min^{-1})	Schnitt- geschwind. (m/min)
40	900	113
50	710	111,5
60	710	134
70	560	123
80	450	113
90	450	127
100	355	111,5
110	355	123
120	280	106
130	280	114

A 2: Bedingungen der spanenden Bearbeitung.

<table>
<tr><td colspan="2">

PROGRAMM-
KURZBESCHREIBUNG

</td><td>

lfd. Nr.:

Datum: Mai 1983

</td></tr>
</table>

0.1 Titel: Bestimmung der Arbeitsvorgangsfolge Radialumformen-Drehen

0.2 Programmname: VORUM

0.3 Programmautor   **Name:** Dipl.-Ing. M.Dostal am Institut für Umformtech-
                 Ort: 7000 Stuttgart 1   nik der Univ. Stuttgart
                 Straße: Holzgartenstraße 17   **Telefon:** 2073 2498

1 Fach-Bereich

	1.3 Besonderheiten:	1.6 Verknüpfungen.
1.1 Aufgabe	1.4 Eingabe	1.7 Anwendungsfall
1.2 Verfahren	1.5 Ausgabe	1.8 Unterlagen

zu 1.1: Das Rechenprogramm VORUM dient zur Ermittlung einer
unter technischen und wirtschaftlichen Gesichtspunkten kostenoptimierten Arbeitsvorgangsfolge der
Bearbeitungsverfahren Radialumformen und Drehen.

zu 1.2: VORUM arbeitet nach der Methode des Verfahrensver-
gleichs. Es werden Arbeitsgänge miteinander verglichen,
die sowohl spanend als auch umformend durchgeführt
werden können.

zu 1.3: Die Bestimmung der Zwischenformen erfolgt automatisch
mit Hilfe von Dualzahlen.

zu 1.4: -Werkstückbeschreibende Daten
-Verfahrensdaten Radialumformen
-Verfahrensdaten Drehen
-Planungsdaten.

zu 1.5: -Arbeitsablaufplan für das Radialumformen
-Zeit- und Kostenkalkulation
-Dokumentation des Rechenlaufs.

zu 1.6: Die Anwendung von VORUM erfordert neben einem Arbeitsablaufplanungsprogramm für das Radialumformen ein
entsprechendes Planungsprogramm für die spanende
Weiterbearbeitung. In der vorliegenden Version sind
die Systeme PRORUM (IfU-Uni. Stuttgart) und DREKAL
(IFW-Uni. Hannover) miteinander verknüpft.

zu 1.7: -Arbeitsplanerstellung
-DNC-Betrieb (Rechnerdirektsteuerung).

zu 1.8: Vorliegender Bericht aus dem Institut für Umformtechnik
der Universität Stuttgart.

2 Datenverarbeitungs-Bereich

2.1 Jahr der Erst- installation: 19 **83**	2.2 Version- Nr.: **1**	2.3 Version- Datum: **Mai 1983**
2.4 Programmier- sprachen: **FORTRAN IV**		2.5 Programm- länge:

Speicher	Mind. Ausstatt.		Norm. Ausstatt.		Max. Ausstatt.	
2.6 Arbeitsspeicher	**10 MByte**					
2.7 Hintergrundspeicher						
2.8 Dateien	Anzahl	Länge	Anzahl	Länge	Anzahl	Länge
sequentiell						
indexsequentiell						
Direktzugriff						

2.9 Eingabe **Bildschirm, Band, Disketten**

2.10 Ausgabe: **Bildschirm, Schnelldrucker, Plotter**

2.11 Verarbeitungsformen: **Dialogbetrieb**

2.12 Installationen

Hersteller	Anlagen Typ	Betriebssystem	Anzahl der Installationen
DEC	**VAX**	**Version 3.0**	

2.13 Unterlagen: **Vorliegender Bericht aus dem Institut für Umformtechnik der Universität Stuttgart**

3 Markt-Bereich (Angaben sind nicht bindend)

3.1 Anbieter: **Institut für Umformtechnik**
Ort: **7000 Stuttgart 1**
Straße: **Holzgartenstraße 17**
Bearbeiter: **Dipl.-Ing. M.Dostal**
Telefon, Telex: **0711-2073 928**

3.2 Pflegestelle:
Ort:
Straße:
Bearbeiter:
Telefon, Telex:

3.3 Kaufpreis:	DM	3.5 Installationskosten	DM
3.4 Mietpreis:	DM/	3.6 Schulungskosten:	DM
alles ohne MWSt.		3.7 Pflegekosten:	DM

3.8 öffentliche Förderung: **Deutsche Forschungsgemeinschaft**

3.9 Besonderheiten:

Fachgebiet

Arbeitsvorbereitung, Kalkulation

Deskriptoren

Schrifttumsverzeichnis

[1] Spur, G., Mertins, K.: Flexible Fertigungssysteme,
      Produktionsanlagen der flexiblen Automatisierung. ZwF
      76 (1981) 9, S. 441 - 448.

[2] Autorenkollektiv: Aufgabenstruktur für die Forschung
      auf dem Gebiet der flexiblen Fertigungssysteme. VDW-For-
      schungsbericht Mai 1975.

[3] Autorenkollektiv: Angepaßte Flexibilität von Fertigungs-
      systemen. Ind.-Anz. 103 (1981) 62, S. 114 - 125.

[4] Stadie, W.: Flexible Fertigungssysteme in Japan. ZwF 75
      (1980) 1, S. 28 - 32.

[5] Vogt, H., Weseslindtner, H.: Rechnergeführtes flexibles
      Fertigungssystem. Werkstatt und Betrieb 113 (1980) 9,
      S. 603 - 606.

[6] Wilhelm, R.: Analyse des Materialflusses flexibler Fer-
      tigungssysteme. wt-Z. ind. Fertig. 66 (1976) 9, S. 529 -
      536.

[7] Herrmann, J., Junghanns, W., Goldhausen, H.: Simulation
      als Hilfsmittel bei der Planung flexibler Fertigungs-
      systeme. TZ für prakt. Metallbearbeitung 64 (1970) 8,
      S. 380 - 386.

[8] Dolezalek, C. M., Ropohl, G.: Flexible Fertigungssysteme
      - die Zukunft der Fertigungstechnik. wt-Z. ind. Fertig.
      60 (1970) 8, S. 446 - 451.

[9] Döttling, W.: Beitrag zur Steuerung und Überwachung des
      Fertigungsablaufs in flexiblen Fertigungssystemen.
      Dr.-Ing.-Diss. Universität Stuttgart 1981.

[10] Straub, D.: Planung der Fertigungseinrichtungen für
      flexible Fertigungssysteme zur Bearbeitung prismati-
      scher Werkstücke. Dr.-Ing.-Diss. Universität Stuttgart
      1980. Bd. 20 der Reihe "Berichte des Inst. f. WZM. Univ.
      Stuttgart" beim Techn. Verlag G. Großmann, Stuttgart.

[11]   Nieß, S.: Kapazitätsabgleich bei flexiblen Fertigungs-
       systemen. Dr.-Ing.-Diss. Universität Stuttgart 1980.

[12]   Autorenkollektiv: Arbeits- und Ergebnisbericht des Son-
       derforschungsbereichs 155 - Fertigungstechnik - der
       Universität Stuttgart für den Zeitraum 1973 bis 1981.

[13]   Pestel, E.: Das Deutschland-Modell. Stuttgart: Deutsche
       Verlags-Anstalt, 1978.

[14]   Kaiser, H.: Umformende Bearbeitung in flexiblen Ferti-
       gungssystemen. Berichte aus dem Institut für Umformtech-
       nik, Universität Stuttgart, Nr. 44, Essen: Girardet
       1977.

[15]   Metzger, P.: Die numerisch gesteuerte Radialumform-
       maschine und ihr Einsatz im Rahmen einer flexiblen Fer-
       tigung. Berichte aus dem Institut für Umformtechnik,
       Universität Stuttgart, Nr. 55, Berlin, Heidelberg, New
       York: Springer 1979.

[16]   DIN 8580: Einteilung der Fertigungsverfahren. Heraus-
       gegeben vom Deutschen Normenausschuß, Berlin, Köln:
       Beuth 1974.

[17]   N. N.: Fertigung in Systemen. VDI Nachrichten Nr. 47/19
       Nov. 1982.

[18]   Rempp, H.: Einsatz flexibler Fertigungssysteme. Werk-
       statt und Betrieb 115 (1982) 3, S. 175 - 182.

[19]   Hofmann, D.: Japan fertigt mit System. Ausstellung in
       Osaka: Hochautomatisierte Anlagen auf Zuverlässigkeit
       ausgelegt - 2. Teil. VDI Nachrichten Nr. 47/19 Nor. 1982.

[20]   Mertins, K.: Entwicklungsstand flexibler Fertigungs-
       systeme in der USA. ZwF 76 (1981) 2, S. 81 - 85.

[21]   Mössle, E.: Studie über den Einsatz der NC-Technik bei
       Werkzeugmaschinen und Fertigungseinrichtungen der
       Umformtechnik. VDW-Ordnungsnummer 0905.

[22] Dolezalek, C. M.: Die technischen Grundlagen der Auto-
      matisierung unter besonderer Berücksichtigung der Fer-
      tigungstechnik. C.I.R.P.-Annalen 11 (1962/63), S. 15 -
      24.

[23] Lange, K.: Automatisierungsfragen der mechanischen Um-
      formtechnik. In Pentzlin, K., Kienzle, O.: Fertigungs-
      technische Automatisierung. Berlin, Heidelberg, New
      York: Springer 1969.

[24] Hormann, D.: Betrieb rechnergesteuerter Fertigungs-
      systeme. Dr.-Ing.-Diss. TH Aachen 1973.

[25] Lange, K. (Hrsg.): Lehrbuch der Umformtechnik, Band 2:
      Massivumformung. Berlin, Heidelberg, New York: Springer
      1974.

[26] Dostal, M.: Die numerisch gesteuerte Radialumformmaschi-
      ne als flexible Bearbeitungseinheit innerhalb gemisch-
      ter Fertigungssysteme. Seminar Massivumformung, Stutt-
      gart 1981.

[27] Noller, H.: Numerische Steuerung einer flexiblen Bear-
      beitungseinheit zum Radialumformen. Berichte aus dem In-
      stitut für Umformtechnik, Universität Stuttgart, Ber-
      lin: Springer. Erscheint demnächst.

[28] Dietz, P.: Bewertungskriterien und Wirtschaftlichkeits-
      rechnung zur Auswahl von Drehmaschinen zur Fertigung in
      mittleren Serien. Werkstatt und Betrieb 113 (1980) 10,
      S. 667 - 674.

[29] Volk, P.: Einfluß des Werkstückspektrums auf den wirt-
      schaftlichen Einsatz von Bearbeitungszentren. Werkstatt
      und Betrieb 113 (1980) 10, S. 655 - 661.

[30] Michaelis, D.: Rechnerunterstützte Werkstückanalyse zur
      Auslegung von Fertigungsmitteln. Ind.-Anz. 104 (1982)
      83, S. 40 - 41.

[31] Löffler, H.: Beitrag zur Datenreduktion betrieblicher
      Werkstückspektren für die Investitionsplanung in der
      Einzel- und Kleinserienfertigung. TZ für prakt. Metall-
      bearbeitung 67 (1973) 10, S. 444 - 448.

[32] Tonshöff, K., Bußmann, J., Granow, R.: Untersuchung von
      Werkstückspektren bei der Entwicklung eines Fertigungs-
      systems zur Drehteilbearbeitung. Teil 1 und Teil 2.
      VDI-Z 123 (1981), S. 15 - 17.

[33] Neubauer, A., Ambos, E.: Stand und Entwicklungstenden-
      zen der Fertigung von Rohteilen für die mechanische Be-
      arbeitung. Fertigungstechnik und Betrieb 30 (1980) 11,
      S. 647 - 653.

[34] Dietz, P.: Drehen ist wirtschaftlicher beim Bearbeiten
      kleiner und mittlerer Serien. Maschinenmarkt 87 (1981)
      40, S. 787 - 790.

[35] AWF: Begriffserklärungen Fertigungsplanung - Fertigungs-
      steuerung. ZwF 35 (1960) 9, S. 396 - 401.

[36] Beier: Anforderungen an ein Maschinenbau-CAD-System aus
      der Sicht der Fertigungsplanung und NC-Programmierung.
      Vortrag EXAPT-Verein, Aachen 1983.

[37] Ruoff, F.: Arbeitsplanerstellung und Vorgabezeitermitt-
      lung am Bildschirm für konventionelle spanende Ferti-
      gung. Dr.-Ing.-Diss. Universität Stuttgart 1979. Bd. 17
      der Reihe "Berichte des Inst. f. WZM. Univ. Stuttgart"
      beim Techn. Verlag G. Großmann, Stuttgart.

[38] Fuchs, H.: Automatische Arbeitsplanerstellung. Dr.-Ing.-
      Diss. TH Aachen 1981.

[39] Hahn, J.: Automatische Fertigungsplanung für kurvenge-
      steuerte Einspindel-Drehautomaten. Dr.-Ing.-Diss. TU
      Berlin 1970.

[40] Minkmar, H.: Maschinelle Erstellung von Arbeitsplänen
      für die Fertigung auf Mehrspindelautomaten. Dr.-Ing.-
      Diss. TU Berlin 1973.

[41] Spur, G.: CAPSY - ein Dialogsystem zur rechnerunter-
      stützten Arbeitsplanung. Ind.-Anz. 98 (1976) 7.

[42] Meyer, K.-D.: Rechnerunterstützte Planung und Kalkula-
      tion von Drehoperationen. Dr.-Ing.-Diss. TU Hannover
      1981.

[43] Tönshoff, H.-K., Ehrlich, H., Kluge, H., Prack, H.-W.:
      DREKAL - ein System zur automatischen Arbeitsplanung.
      AV 18 (1981) Heft 3, 4, 5.

[44] Eversheim, W. u. a.: Maschinelle Arbeitsplanerstellung.
      Kernforschungszentrum Karlsruhe GmbH, Karlsruhe, KfK -
      CAD 46.

[45] Hoheisel, W.: System zur rechnerunterstützten Arbeits-
      planerstellung für die Blechbearbeitung. Ind.-Anz. 100
      (1978) 46, S. 34, 35.

[46] Noack, P.: Rechnerunterstützte Arbeitsplanerstellung
      und Kostenberechnung beim Kaltmassivumformen von Stahl.
      Berichte aus dem Institut für Umformtechnik, Universität
      Stuttgart, Nr. 48, Essen: Girardet 1979.

[47] Rebholz, M.: Interaktives Programmsystem zur Erstellung
      von Fertigungsunterlagen für die Kaltmassivumformung.
      Berichte aus dem Institut für Umformtechnik, Universi-
      tät Stuttgart, Nr. 60. Berlin, Hamburg, New York: Sprin-
      ger 1981.

[48] Wessel, H.-J., Steudel, M.: Gegenüberstellung von Syste-
      men zur automatischen Arbeitsplanerstellung. VDI-Z 122
      (1980) 8, S. 302 - 310.

[49] Tönshoff, H.-K.: DREKAL - System zur rechnerunterstütz-
      ten Zeit- und Kostenkalkulation bei Rotationsteilen. Be-
      nutzerhandbuch Band 2. IFW, TU Hannover.

[50] Warnecke, H.-J., Bullinger, H.-J., Hichert, R.: Kosten-
      rechnung für Ingenieure. Carl Hanser Verlag München,
      Wien 1978.

[51]   Siegrist, M., Langheinrich, G.: Die neuzeitliche Vor-
       kalkulation der spangebenden Fertigung im Maschinenbau.
       Technischer Verlag Herbert Grau, Berlin 1967.

[52]   Sonnenberg, H.: Arbeitsvorbereitung und Kalkulation II.
       Friedrich Vieweg und Sohn, Braunschweig 1973.

[53]   VDI Richtlinie 3258: Kostenberechnung mit Maschinenstun-
       densätzen. Blatt 1 und 2.

[54]   Lange, K.: Energieeinsparung und Fertigungstechnik.
       wt-Z. ind. Fertig. 68 (1978), S. 535 - 537.

[55]   Statistisches Bundesamt Wiesbaden: Preise und Preis-
       indizes für industrielle Produkte (Erzeugnispreise).
       Fachserie 17, Reihe 2.

[56]   Paukert, R.: Rechnerische Ermittlung von Zustandsgrößen
       beim Radialumformen. Berichte aus dem Institut für Um-
       formtechnik, Universität Stuttgart, Berlin: Springer,
       erscheint demnächst.

Berichte aus dem Institut für Umformtechnik der Universität Stuttgart

Herausgeber Professor Dr.-Ing. Kurt Lange

1 **Untersuchung über den Einfluß der Belastungszeit auf die Streuung der Rückfederung von Biegeteilen**
Von Dipl.-Ing. Klaus Tafel. 70 Seiten Text u. 64 Seiten mit 49 Bildern u. 15 Tafeln. — Vergriffen

2/3 **Untersuchungen über das freie Napfen**
Von Dipl.-Ing. Gerhard Schmitt und Dipl.-Ing. Dieter Schmoeckel.
Untersuchungen über den Kraft- und Arbeitsbedarf sowie den Umformwirkungsgrad beim Vorwärts-Vollfließpressen von Stahl
Von Dipl.-Ing. Dieter Kast 40 Seiten Text u. 43 Seiten mit 47 Bildern u. 5 Tafeln. — 28,— DM

4 **Untersuchungen über die Werkzeuggestaltung beim Vorwärts-Hohlfließpressen von Stahl und Nichteisenmetallen**
Von Dipl.-Ing. Dieter Schmoeckel. 72 Seiten Text u. 117 Seiten mit 179 Bildern. — 39,— DM

5 **Untersuchungen über das Stauchen und Zapfenpressen**
Von Dipl.-Ing. Marten Burgdorf. 126 Seiten Text u. 58 Seiten mit 138 Bildern u. 4 Tafeln. — 55,— DM

6 **Untersuchungen über die Streuung der Kräfte und Arbeiten beim Fließpressen in der laufenden Fertigung und den Einfluß der Phosphatschichtdicke und des Schmiermittels**
Von Dipl.-Ing. Hans-Dietrich Witte. 38 Seiten Text u. 48 Seiten mit 49 Bildern. — 30,— DM

7 **Untersuchungen über das Rückwärts-Napffließpressen von Stahl bei Raumtemperatur**
Von Dipl.-Ing. Gerhard Schmitt. 132 Seiten Text u. 93 Seiten mit 130 Bildern u. 5 Tafeln. — 34,— DM

8 **Die Abbildegenauigkeit beim Biegen im 90°-V-Gesenk und ihre Beeinflussung durch Nachdrücken im Gesenk**
Von Dipl.-Ing. Eckart Dannenmann. 50 Seiten Text u. 31 Seiten mit 28 Bildern u. 1 Tafel. — Vergriffen

9 **Untersuchungen über den Zusammenhang zwischen Vickershärte und Vergleichsformänderung bei Kaltumformvorgängen**
Von Dipl.-Ing. Hans Wilhelm. 50 Seiten Text u. 35 Seiten mit 37 Bildern u. 2 Tafeln. — Vergriffen

10 **Untersuchungen über das Abstreckziehen von zylindrischen Hohlkörpern bei Raumtemperatur**
Von Dipl.-Ing. Rolf K. Busch. 86 Seiten Text u. 92 Seiten mit 97 Bildern. — Vergriffen

11 **Vorgänge beim elektromagnetischen und elektrohydraulischen Umformen von metallischen Werkstücken**
Von Dipl.-Ing. Herbert Müller. 90 Seiten Text u. 110 Seiten mit 93 Bildern u. 10 Tafeln. — 22,— DM

12 **Ein Verfahren zur näherungsweisen Berechnung des Spannungs- und Formänderungszustandes beim Fließen starrplastischer Werkstoffe**
Von Dipl.-Ing. Gerhard Adler. 124 Seiten Text u. 76 Seiten mit 72 Bildern. — Vergriffen

13 **Modellgesetzmäßigkeiten beim Rückwärtsfließpressen geometrisch ähnlicher Näpfe**
Von Dipl.-Ing. Dieter Kast. 101 Seiten Text u. 73 Seiten mit 60 Bildern u. 6 Tafeln. — Vergriffen

14 **Untersuchungen über das Genauschneiden von Stahl und Nichteisenmetallen**
Von Dipl.-Ing. Wilfried Kramer. 96 Seiten Text u. 132 Seiten mit 128 Bildern u. 10 Tafeln. — Vergriffen

15 **Entwicklung und Erprobung eines Simulators zur reproduzierbaren Nachahmung der Kraft-Weg-Verläufe von Umformvorgängen**
Von Dipl.-Ing. Kurt Schmid. 88 Seiten Text u. 38 Seiten mit 35 Bildern u. 2 Tafeln. — 17,— DM

16 **Walzrichten von Metallbändern mit symmetrisch angestellter Fünf-Walzen-Richtmaschine**
Von Dipl.-Ing. Hans-Dietrich Witte. 108 Seiten Text u. 63 Seiten mit 60 Bildern u. 8 Tafeln. — 22,— DM

17/18 **Erzeugung räumlicher Blechgebilde mittels Flächenbiegung Konstruktion, Abwicklung und Herstellung von Schraubtorsen aus Blech**
Von Prof. Dr.-Ing. E. h. Dr. techn. h. c. Otto Kienzle.
120 Seiten Text u. 55 Seiten mit 86 Bildern u. 3 Tafeln. — 22,— DM

19 **Einfluß der Alterung auf die mechanischen Eigenschaften von Stählen zum Kaltfließpressen**
Von Dipl.-Ing. Vladimir Hasek, CSc. 43 Seiten Text u. 54 Seiten mit 50 Bildern u. 3 Tafeln — 16,— DM

20 **Beitrag zur Frage der Spannungen, Formänderungen und Temperaturen beim axialsymmetrischen Strangpressen**
Von Dipl.-Ing. Rolf Dalheimer. 118 Seiten Text u. 76 Seiten mit 79 Bildern u. 3 Tafeln — Vergriffen

21 **Über den Einfluß der Werkzeuggeschwindigkeit auf den Stauchvorgang**
Von Dipl.-Ing. H.-J. Metzler. 127 Seiten Text u. 100 Seiten mit 94 Bildern u. 6 Tafeln. — 25,— DM

22 **Numerische Behandlung von Verfahren der Umformtechnik**
Von Dr.-Ing. Elmar Steck. 67 Seiten Text u. 22 Seiten mit 43 Bildern. — 16,— DM

23 **Ein Verfahren zur näherungsweisen Berechnung der Wärmeentwicklung und der Temperaturverteilung beim Kaltstauchen von Metallen**
Von Dipl.-Ing. Walther Pohl. 78 Seiten Text u. 51 Seiten mit 61 Bildern u. 4 Tafeln. — 21,— DM

24 **Untersuchungen über das Drückwalzen zylindrischer Hohlkörper und Beitrag zur Berechnung der gedrückten Fläche und der Kräfte**
Von Dipl.-Ing. Hans-Jurgen Dreikandt. 161 Seiten Text u. 79 Seiten mit 73 Bildern u. 6 Tafeln. — Vergriffen

25 **Über den Formänderungs- und Spannungszustand beim Ziehen von großen unregelmäßigen Blechteilen**
Von Dipl.-Ing. Vladimir Hasek, CSc. 129 Seiten Text u. 106 Seiten mit 109 Bildern u. 9 Tafeln. — 35,— DM

26 **Über die Anisotropie des plastischen Verhaltens stranggepreßter Stäbe aus hexagonalen Metallen**
Von Dipl.-Ing. Gunther Schröder. 129 Seiten Text u. 75 Seiten mit 97 Bildern u. 2 Tafeln. — Vergriffen

27 **Die Messung der mechanischen Kontaktspannung in der Wirkfuge Werkzeug — Werkstück bei Umformverfahren**
Von Dipl.-Ing. Fritz Dohmann. 99 Seiten Text u. 82 Seiten mit 93 Bildern u. 4 Tafeln. — Vergriffen

28 **Beitrag zur rechnerunterstützten Auslegung von Pressengestellen**
Von Dipl.-Ing. Manfred Geiger. 94 Seiten u. 56 Seiten mit 63 Bildern. — Vergriffen

29 **Untersuchungen über das Aufweittiefziehen**
Von P. S. Raghupathi. M. E. ISBN 3-7736-0780-6
80 Seiten Text u. 54 Seiten mit 73 Bildern u. 2 Tafeln.
32.- DM

30 **Faltenbildung als Verfahrensgrenze beim Stauchen von Hohlkörpern**
Von Dipl.-Ing. Klaus Dieterle. ISBN 3-7736-0781-4.
55 Seiten Text u. 35 Seiten mit 43 Bildern u. 3 Tafeln.
28.-- DM

31 **Beitrag zur Ermittlung von Fließkurven im kontinuierlichen hydraulischen Tiefungsversuch**
Von Dipl.-Ing. Franc Gologranc. ISBN 3-7736-0785-7.
125 Seiten Text u. 58 Seiten mit 95 Bildern u. 6 Tafeln.
Vergriffen

32 **Untersuchungen an Strangpreßmatrizen**
Von Dipl.-Ing. Klaus Gieselberg ISBN 3-7736-0786-5
101 Seiten Text u. 56 Seiten mit 69 Bildern.
45. DM

33 **Beitrag zur Messung der Strangoberflächentemperatur beim Strangpressen**
Von Dipl.-Ing. Karl-Heinz Friedrich ISBN 3-7736-0787-3
83 Seiten Text u. 90 Seiten mit 84 Bildern u. 3 Tafeln.
48.- DM

34 **Über das Umformverhalten von Blechen aus Titan und Titanlegierungen**
Von Dipl.-Ing. Hans Wilhelm. ISBN 3-7736-0788-1.
107 Seiten Text u. 69 Seiten mit 76 Bildern u. 13 Tafeln
48. - DM

35 **Untersuchung der magnetischen Induktion, Stromdichte und Kraftwirkung bei der Magnetumformung**
Von Dipl.-Ing. Volker Schmidt. ISBN 3-7736-0789-X
60 Seiten Text u. 53 Seiten mit 84 Bildern
21.-- DM

36 **Der Stoffluß beim kombinierten Napffließpressen**
Von Dipl.-Ing. Rolf Geiger. ISBN 3-7736-0790-3
111 Seiten Text u. 74 Seiten mit 80 Bildern u. 6 Tafeln.
Vergriffen

37 **Beitrag zum Verhalten superplastischer Werkstoffe beim Massivumformen**
Von Dipl.-Ing. Hans Schelosky. ISBN 3-7736-0791-1.
123 Seiten Text u. 61 Seiten mit 60 Bildern u. 4 Tafeln
Vergriffen

38 **Energieumsatz beim elektrohydraulischen Umformen**
Von Dipl.-Ing. Hans-Joachim Weckerle. ISBN 3-7736-0792-X.
103 Seiten Text u. 46 Seiten mit 56 Bildern.
45.— DM

39 **Elastische Wechselwirkungen an Gestell und Hauptgetriebe weggebundener Pressen**
Von Dipl.-Ing. Lutz Schemperg. ISBN 3-7736-0793-8.
91 Seiten Text u. 58 Seiten mit 65 Bildern u. 3 Tafeln.
45.-- DM

40 **Über das plastische Verhalten von Sintermetallen bei Raumtemperatur**
Von Dipl.-Ing. Hartmut Höneß ISBN 3-7736-0794-6.
84 Seiten Text u. 54 Seiten mit 67 Bildern u. 2 Tafeln.
45.— DM

41 **Untersuchungen zum Halbwarmfließpressen von Stahl**
Von Dr.-Ing. Rolf Geiger, Dipl.-Ing. Eckart Dannenmann und Dipl.-Ing. Jean Stefanakis.
ISBN 37736-0795-4. 50 Seiten Text u. 33 Seiten mit 34 Bildern u. 2 Tafeln.
Vergriffen

42 **Änderung der Werkstoffeigenschaften beim Ziehen von zylindrischen Hohlkörpern aus austenitischen und ferritischen nichtrostenden Stählen**
Von Dipl.-Ing. Rolf Zeller. ISBN 3-7736-0796-2.
80 Seiten Text u. 52 Seiten mit 34 Bildern u. 2 Tafeln.
38. - DM

43 **Untersuchungen über das Fließpressen superplastischer Werkstoffe**
Von Dr.-Ing. Hans Schelosky. ISBN 3-7736-0797-0.
36 Seiten Text u. 24 Seiten mit 26 Bildern u. 1 Tafel.
Vergriffen

44 **Umformende Bearbeitung in flexiblen Fertigungssystemen**
Von Dipl.-Ing. Hartmut Kaiser. ISBN 3-7736-0798-9.
87 Seiten Text u. 24 Seiten mit 47 Bildern.
36.— DM

45 **Geometrische Eigenschaften tiefgezogener kreiszylindrischer Näpfe**
Von Dipl.-Ing. Dieter Schlosser ISBN 3-7736-0799-7.
107 Seiten Text u. 64 Seiten mit 60 Bildern u. 9 Tafeln.
48.-- DM

46 **Die Eigenschaften einer AlZnMgCu-Legierung nach ausgewählten Kombinationen von Wärmebehandlung und Kaltumformung**
Von Dipl.-Ing. Karl Hankele. ISBN 3-7736-0880-2.
86 Seiten Text u. 51 Seiten mit 52 Bildern u. 4 Tafeln.
45.- DM

47 **Kaltmassivumformen von Sintermetall**
Von Dipl.-Ing. Hans Dieter Schacher. ISBN 3-7736-0881-0.
84 Seiten Text u. 44 Seiten mit 47 Bildern u. 5 Tafeln.
42.— DM

48 **Rechnerunterstützte Arbeitsplanerstellung und Kostenrechnung beim Kaltmassivumformen von Stahl**
Von Dipl.-Ing. Peter Noack. ISBN 3-7736-0882-9.
216 Seiten Text u. 116 Seiten mit 134 Bildern u. 23 Tafeln.
65.-- DM

49 **Beitrag zur beanspruchungsgerechten Auslegung von rotationssymmetrischen Fließpreßmatrizen**
Von Dipl.-Ing. Gunther Krämer. ISBN 3-7736-0883-7.
94 Seiten Text u. 53 Seiten mit 56 Bildern.
48.— DM

50 **Erzeugung gratfreier Schnittflächen durch Aufteilen des Schneidvorgangs (Konterschneiden)**
Von Dipl.-Ing. Heinz Liebing. ISBN 3-7736-0884-5.
87 Seiten Text u. 51 Seiten mit 55 Bildern u. 4 Tafeln.
46.— DM

Die Berichte 1 bis 50 sind zu beziehen durch das Institut für Umformtechnik, Holzgartenstr. 17, 7000 Stuttgart 1

51 **Berechnung der elastischen Eigenschaften von Baugruppen im Pressenbau**
Von Dipl.-Ing. Herbert Blum ISBN 3-540-09804-6.
151 Seiten mit 55 Abbildungen.   48,— DM

52 **Untersuchung der Verfahrensgrenzen beim 180°-Biegen von Fein- und Mittelblechen**
Von Dipl.-Phys. Wolfgang Schaub. ISBN 3-540-09881-X.
65 Seiten mit 24 Abbildungen.   38.— DM

53 **Abstreckgleitziehen von nichtrostenden austenitischen Stählen**
Von Dipl.-Ing. Jobst-H. Kerspe. ISBN 3-540-09882-8.
109 Seiten mit 36 Abbildungen.   43,— DM

54 **Fließpressen von Stahl im Temperaturbereich 773 K (500°C) bis 1073 K (800°C)**
Von Dipl.-Ing. Ulrich Diether. ISBN 3-540-09959-X.
165 Seiten mit 80 Abbildungen.   48,— DM

55 **Die numerisch gesteuerte Radial-Umformmaschine und ihr Einsatz im Rahmen einer flexiblen Fertigung**
Von Dipl.-Ing. Peter Metzger. ISBN 3-540-10073-3.
158 Seiten mit 65 Abbildungen.   43,— DM

56 **Möglichkeiten zur Steuerung des Stoffflusses beim Ziehen großer unregelmäßiger Blechteile**
Von Dr.-Ing. Vladimir V. Hasek. ISBN 3-540-10074-1.
193 Seiten mit 96 Abbildungen.   48,— DM

57 **Beitrag zur Arbeitsgenauigkeit des Kaltmassivumformens**
Von Dipl.-Ing. Herbert Leykamm. ISBN 3-540-10363-5.
165 Seiten mit 84 Abbildungen und 5 Tabellen..   48,— DM

58 **Untersuchungen über das Verjüngen von zylindrischen Vollkörpern**
Von Dipl.-Ing. Helmut Binder. ISBN 3-540-10466-6.
146 Seiten mit 50 Abbildungen und 3 Tabellen.   43,— DM

59 **Umformverhalten legierter Sintereisen**
Von Dipl.-Ing. Manfred Stilz. ISBN 3-540-11051-8.
170 Seiten mit 75 Abbildungen und 5 Tabellen.   48,— DM

60 **Interaktives Programmsystem zur Erstellung von Fertigungsunterlagen für die Kaltmassivumformung**
Von Dipl.-Ing. Michael Rebholz. ISBN 3-540-11052-6.
121 Seiten mit 46 Abbildungen.   43,— DM

61 **Beitrag zum Ziehen von Blechteilen aus Aluminiumlegierungen**
Von Dipl.-Ing. Michael Blaich. ISBN 3-540-11067-4.
141 Seiten mit 64 Abbildungen und 5 Tabellen.   43,— DM

62 **Auslegung von rotationssymmetrischen Fließpreßwerkzeugen im Bereich elastisch-plastischen Werkstoffverhaltens**
Von Dipl.-Ing. Thomas Neitzert. ISBN 3-540-11623-0.
159 Seiten mit 51 Abbildungen.   53,— DM

63 **Fließpressen von Sintermetall im Temperaturbereich zwischen 873 K (600°C) und 1173 K (900°C)**
Von Dipl.-Ing. Wolfgang Schaub. ISBN 3-540-11678-8.
160 Seiten mit 85 Abbildungen und 9 Tabellen.   53,— DM

64 **Rechnerunterstützte Konstruktion von Umformwerkzeugen und die Fertigungsplanung von Werkzeugelementen**
Von Dipl.-Ing. Dieter Steuss. ISBN 3-540-11856-X.
178 Seiten mit 87 Abbildungen und 6 Tabellen.   53,— DM

65 **Möglichkeiten und Grenzen des Kaltgesenkschmiedens als eine fertigungstechnische Alternative für kleine, genaue Formteile**
Von Dipl.-Ing. Khang Hoang-Vu. ISBN 3-540-11876-4.
156 Seiten mit 62 Abbildungen und 5 Tabellen.   53,— DM

66 **Einsatz numerischer Näherungsverfahren bei der Berechnung von Verfahren der Kaltmassivumformung.**
Von Dipl.-Ing. Karl Roll. ISBN 3-540-11910-8.
166 Seiten mit 49 Abbildungen und 2 Tabellen.   53,— DM

67 **Untersuchung über das Verjüngen von dickwandigen, zylindrischen Hohlkörpern**
Von Dipl.-Ing. Knut Haarscheidt. ISBN 3-540-12229-X.
124 Seiten mit 58 Abbildungen und 6 Tabellen.   58,— DM

68 **Rechnerunterstützte Optimierung des Tiefziehens unregelmäßiger Blechteile**
Von Dipl.-Ing. Hans Glöckl. ISBN 3-540-12522-1.
143 Seiten mit 60 Abbildungen.   58,— DM

69 **Hydrostatisches Fließpressen: Verfahrensparameter und Werkstückeigenschaften**
Von Dipl.-Ing. Jobst H. Kerspe. ISBN 3-540-12537-X.
123 Seiten mit 69 Abbildungen und 5 Tabellen.   58,— DM

70 **Untersuchungen zum Halbwarmfließpressen von Automatenstählen**
Von Dipl.-Ing. Eberhard Nehl. ISBN 3-540-12568-X.
145 Seiten mit 104 Abbildungen.   58,— DM

71 **Entwicklung und Anwendung neuer Schmierstoffprüfverfahren für die Kaltmassivumformung**
Von Dipl.-Ing. Thomas Gräbener. ISBN 3-540-12836-0.
140 Seiten mit 65 Abbildungen.   58,— DM

72 **Einfluß der Blechoberfläche beim Ziehen von Blechteilen aus Aluminiumlegierungen**
Von Dipl.-Ing. Erhard Mössle. ISBN 3-540-12837-9.
142 Seiten mit 62 Abbildungen und 6 Tabellen.   58,— DM

73 **Werkzeugverschleiß in der Massivumformung**
Von Dipl.-Ing. Matthias Weiergräber. ISBN 3-540-13033-0.
72 Seiten mit 36 Abbildungen und 2 Tabellen.   58,— DM

Die Berichte 51 und folgende sind zu beziehen durch den Springer-Verlag, Berlin Heidelberg New York Tokyo

74 **Grundlagen der Umformtechnik I · Fundamentals of Metal Forming Technique I**
298 Seiten. ISBN 3-540-13039-X.   58,– DM

75 **Grundlagen der Umformtechnik II · Fundamentals of Metal Forming Technique II**
280 Seiten. ISBN 3-540-13040-3.   58,– DM

76 **Herstellung und Versteifungswirkung von geschlossenen Halbrundsicken**
Von Dipl.-Ing. Michael Widmann. ISBN 3-540-13172-8.
150 Seiten mit 63 Abbildungen.   63,– DM

77 **Kostenoptimierter Einsatz der Radialumformmaschine in gemischten, flexiblen Fertigungssystemen**
Von Dipl.-Ing. Michael Dostal. ISBN 3-540-13286-4.
121 Seiten mit 61 Abbildungen.   63,– DM

78 **Rechnerische Ermittlung von Zustandsgrößen beim Radialumformen**
Von Dipl.-Ing. Roland Paukert. ISBN 3-540-13287-2.
131 Seiten mit 57 Abbildungen und 1 Tabelle.   63,– DM

Die Berichte 51 und folgende sind zu beziehen durch den Springer-Verlag, Berlin Heidelberg New York Tokyo